IoTシステム開発スタートアップ

プロトタイプで全レイヤをつなぐ

吉澤 穂積・下拂 直樹・松村 義昭・吉本 昌平・高橋 優亮・山平 哲也 ● 著

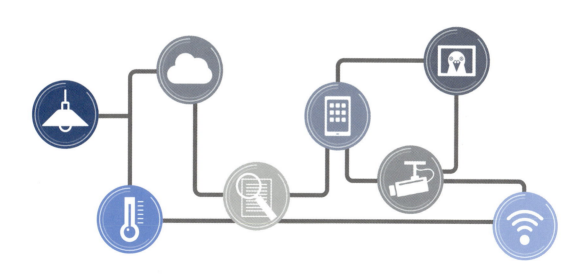

リックテレコム

［本書を利用するにあたって］

1. 本書は、著者が独自に調査した結果を出版したものです。
2. 本書は、IoTの基本技術は比較的基本から解説した書籍ですが、その要素技術のArduino、Visual Studio及びその上で書き込むC#プログラミングなどの基本的な使い方、文法等は誌面の関係から割愛しております。そちらにつきましては、その内容に特化した書籍が現在では多く出版されておりますので、そちらをご参照ください。
3. 本書は万全を期して作成しましたが、万一ご不審な点や誤り、記載漏れなどお気づきの点がありましたら、出版元まで書面にてご連絡ください。
4. 本書の内容に関して運用した結果の影響については、上記にかかわらず責任を負いかねますので、あらかじめご了承ください。
5. 本書の内容は、2017年3月の執筆時点のものです。本書で紹介したソフトウェアの内容及びハードウェアの販売状況等に関しては、将来予告なしに変更されることがあります。
6. 本書は、以下の環境で動作確認を行いました。
Windows 10

［商　標］

1. Microsoft Azure、Azure、Visual Studio、及びWindowsは、米国Microsoft Corporationの、米国及びその他の国における登録商標または商標です。
2. 本書に記載されている製品名、サービス名、会社名、団体名は、一般に各社及び各団体の商標、登録商標または商品名です。
3. 本書では原則として、本文中に™マーク、®マークは、明記しておりません。

はじめに

　ここ2年ぐらいの間に「IoT（Internet of Things）」という言葉が、メディアなどで活発に取り扱われております。「すべてのモノがインターネットにつながる」そんなパラダイムシフトが、まさに始まっています。

　数年後には、IoTのセンサーデバイスの数は数百億個に達すると言われています。現在ではそれが具体的に医療や産業、社会インフラなどの分野で検討、適用が進んでいます。

　ただし、興味を持った多くの人たちは、「IoTはどう作られるものなのか」、「どういった技術が必要なのか」、「何から始めればよいのか」など具体的に踏み出せない人が多いのが現実ではないでしょうか。

　本書は一般のビジネスパーソン、及び実際にIoTを体感してみたい人向けに、日常における身近なテーマを元に最新のIoT技術を用いて、どのようにIoTシステムが作られるのかを具体的に解説しました。実際にIoTシステムを作ることを体感することにより、構築及び活用のイメージを抱いてもらうことができます。

　本書の構成は、次のような2部、6章構成になっており、前半の第Ⅰ部で、全体の概要を解説し、後半でその具体的な作り方をお教えします。それぞれの章の概要は次の通りとなります。

第Ⅰ部　IoTシステムの概要

- 1章は、IoT（Internet of Things）がここ数年メディア等で取り上げられているが、本編での解説の前にIoTはどんなものであるのか、そもそも注目される背景やIoT導入が期待される分野について説明します。

- 2章は「IoT」と一言でいっても、その仕組みや利用用途は様々です。モノにセンサーなどを取り付け、その情報を吸い上げるようなモニタリングのモデルもあれば、モノを制御するモデル、分析や学習を行うモデルもあります。IoTシステムを理解するうえで、IoTがどのような用途を対象としているのか、どのような実現モデルがあるのかをモデルごとに分類しながら説明します。

- 3章はIoTシステムが動くためのアーキテクチャと構成される要素を中心に紹介します。構成要素には様々な技術が利用され、その構成要素を理解することで、どのようにして活用ストーリーがIoTシステム上で動くのかをイメージすることができるでしょう。

第II部　IoTシステムコンポーネントの実現方法

- IoTシステムの設計構築には、従来のITシステム構築よりも幅広い知識が求められます。4章以降では、簡易な鳥害対策システムの実装を通じて、ITエンジニアの方々に、センサーと電子回路、フィールドネットワーク（BLE：Bluetooth Low Energy）、組込ソフトウェア、IoTデータ送受信ソフトウェアなど、多岐にわたるIoT実装の感覚を掴んで頂くことを目的として進めていきます。

- 5章では、フィールド層で集収したデータをどのように処理するのかを解説します。近年、様々なAPIやライブラリが各社から公開され、データを様々な角度から分析するアプリケーションは、従来よりもはるかに容易に利用することができるようになりました。その中にはプログラミングを行う必要すらないものもあるほどです。しかし、ユーザそれぞれの特定の目的にかなう分析を実現するためには、まだ沢山の作業が必要となるのが現状です。5章では鳥の画像認識という、特定の目的を実現する手順をすべて解説しています。

- 6章はIoTシステムを動かし続けるために必要な運用（オペレーション）において、特に重要と考えられるIoTセキュリティを取り上げています。重要なのは、IoTを活用したシステムやサービスを作ってからセキュリティ対策を考えるアプローチではなく、システムやサービスを作り始めるときからリスクを理解し、対策方法を定めていく、「セキュリティ・バイ・デザイン」アプローチにもとづいたセキュリティ設計の考え方です。

　また本書の特徴の1つに、マイクロソフト社のクラウドサービスであるMicrosoft® Azure®の利用が挙げられます。Azureが提供するIoTサービスを柱にし、その実現イメージを構成しています。

　本書を読むことによりIoTの実現イメージの理解が深まり、IoTシステム構築の具体的な方策を体感することができるでしょう。

　業務の中で、本格的なIoTシステムを実際に検討している皆さんの一助となれば幸いです。

2017年　初春

著者代表　吉澤 穂積

Contents

読者特典 本書の電子版の無料ダウンロードサービスについて …… x

I部 IoTシステム実現のための基礎知識

1章 そもそも「IoTシステム」とは？ …… 003

1.1 IoTの定義 …… 004
1.2 IoTが注目される技術的背景 …… 006
1.3 IoT活用が期待される分野 …… 008

2章 IoTシステムの活用方法 …… 009

2.1 まずIoTシステムの活用モデルを知っておこう …… 010
- 2.1.1 ▶ モノをモニタリングするモデル …… 010
- 2.1.2 ▶ モノを制御するモデル …… 012
- 2.1.3 ▶ モノから集めた情報を分析するモデル …… 014
- 2.1.4 ▶ モノから集めた情報から学習するモデル …… 016

2.2 IoTシステムの活用ストーリーを描いてみよう …… 019
- 2.2.1 ▶ ストーリーに取り込むべきIoTの重要要素 …… 019
- 2.2.2 ▶ 本書で作る「鳥害対策IoTシステム」のストーリー …… 019
- 2.2.3 ▶ 「鳥害対策IoTシステム」の全体像 …… 020
- 2.2.4 ▶ 「鳥害対策IoTシステム」の応用例 …… 021

2.3 **IoT 標準化団体とそのアーキテクチャの動向** ················ 024

2.3.1 ▶ 主な標準化団体による標準化の動き ················ 024

2.3.2 ▶ 主要 IoT 標準化団体のアーキテクチャ ················ 026

3章 IoTシステムを実現するためのアーキテクチャ ········ 031

3.1 **IoT システムの基本アーキテクチャを理解しておこう** ········ 032

3.1.1 ▶ フィールド層の機能と役割 ················ 033

3.1.2 ▶ プラットフォーム層の機能と役割 ················ 039

3.1.3 ▶ オペレーション層の機能と役割 ················ 041

3.2 **描いたストーリーを基本アーキテクチャに適用してみよう** ········ 043

3.2.1 ▶「鳥害対策 IoT システム」のケース ················ 043

3.2.2 ▶「野菜育成支援 IoT システム」のケース ················ 044

3.2.3 ▶「農家向け鳥獣被害対策 IoT システム」のケース ················ 045

3.2.4 ▶「ホームセキュリティ IoT システム」のケース ················ 046

3.2.5 ▶「お得意様認識 IoT システム」のケース ················ 047

Ⅱ部 IoTシステムコンポーネントの実現方法

4章 フィールド層の実装 ········ 051

4.1 **フィールド層の全体構成** ················ 052

4.2 **人感センサーとArudino UNOの接続** ················ 053

4.2.1 ▶ ハードウェア選定と開発環境構築の注意点 ················ 053

4.2.2 ▶ 人感センサーと Arduino UNO の接続 ················ 054

4.2.3 ▶ Arduino UNOの開発環境を準備する ················· 056

4.2.4 ▶ Arduinoのオンボード LED を点滅させる ················· 058

4.2.5 ▶ Arduinoへのプログラム書き込み時にエラーが出る場合 ······ 060

4.2.6 ▶ 人感センサーの信号に応じて Arduinoのオンボード LED を点滅させる ··· 060

4.3 **Bluetooth LE による通信** ················· 062

4.3.1 ▶ Arduino 開発ボードの接続 ················· 062

4.3.2 ▶ Bluetooth LE のプロトコル概要 ················· 063

4.3.3 ▶ 人感センサーからの信号を Bluetooth LE で送信する ········· 065

4.3.4 ▶ Bluetooth LE でデータが送信されているかテストする ····· 066

4.4 **IoT ゲートウェイの設定** ················· 068

4.4.1 ▶ IoT ゲートウェイのインストール ················· 068

4.4.2 ▶ Windows 10 IoT Core での Bluetooth ペアリング設定 ··· 070

4.4.3 ▶ Visual Studio 開発環境の準備 ················· 071

4.4.4 ▶ 周辺デバイスへのアクセスを許可する ················· 074

4.4.5 ▶ Bluetooth LE 情報を受信する ················· 074

4.4.6 ▶ 受信したセンサー情報を画面に表示する ················· 077

4.4.7 ▶ Async/Await による非同期プログラミング ················· 079

4.4.8 ▶ USB カメラで撮影する ················· 079

4.5 **クラウドの設定と利用法** ················· 086

4.5.1 ▶ Azure IoT Hub とは ················· 086

4.5.2 ▶ Azure 無償アカウントの取得 ················· 086

4.5.3 ▶ IoT Hub の作成 ················· 088

4.5.4 ▶ IoT Hub Connection-String の取得 ················· 090

4.5.5 ▶ DeviceExplorer の準備 ················· 092

4.5.6 ▶ Microsoft Azure IoT Device SDK for .NETのインストール ··· 093

4.5.7 ▶ IoT Hub へのデータ送信 ················· 095

4.5.8 ▶ IoT Hub へ送信されたデータをモニタする ················· 096

vii

5章 プラットフォーム層の実装 ································· 097

5.1 プラットフォーム層のシステム構成 ······················· 098
5.1.1 ▶ 画像検出と画像認識 ····································· 099
5.1.2 ▶ 害鳥検出システムの作成手順 ······················· 100

5.2 開発環境の準備 ··· 102
5.2.1 ▶ TeraTermのインストール ······························ 102
5.2.2 ▶ Microsoft AzureでUbuntu Linux VMを起動する ········ 109
5.2.3 ▶ Pythonの言語環境を確認する ························· 122

5.3 「教師データ」用初期画像の収集 ························· 129
5.3.1 ▶ Bing APIのアクセスキーを取得する ················· 129
5.3.2 ▶ 初期画像を収集する ································· 137
Column ソースコードの入力方法 ··································· 141

5.4 アノテーションデータベースの作成 ····················· 144
5.4.1 ▶ アノテーションデータベース更新プログラムを作成する ····· 144
5.4.2 ▶ アノテーション作成Webアプリを作成する ············· 148
Column なぜスクリプトのURLの末尾にクエリ文字列を付けるのか? ··· 163
5.4.3 ▶ アノテーションデータを作成する ····················· 174

5.5 害鳥検出モデルの作成 ····································· 183
5.5.1 ▶ 害鳥検出モデルのトレーニング ····················· 183
5.5.2 ▶ 害鳥検出モデルのテスト ····························· 188
5.5.3 ▶ 画像データ受信システムの作成 ····················· 191
―Microsoft Azure Stream Analyticsの設定

5.6 害鳥検出システムのセットアップ ······················· 211
Column デバイスから受信した画像の保存 ―「教師データ」の追加とグレードアップ― ··· 217

5.7 害鳥撃退システムへのヒント(本章のまとめ) ············· 218

6章 オペレーション層の実装 ●IoTシステムのセキュリティ設計 ············ 221

6.1 IoTセキュリティをとりまく動向 ················· 222

6.2 IoTセキュリティの特徴 ················· 224

6.3 IoTセキュリティ設計のプロセス ················· 228
セキュリティリスクを判断・分析し、どのように対応するか
- 6.3.1 ▶ 開発するシステムを把握する ················· 229
- 6.3.2 ▶ システムに潜むセキュリティリスクを理解する ················· 231
- 6.3.3 ▶ セキュリティリスクへの対策方法を決定する ················· 238
- 6.3.4 ▶ 決定した対策方法を実装、評価する ················· 253

6.4 IoTセキュリティのこれから ················· 257

Column プライバシー・バイ・デザイン ················· 258

- ■ 索　引 ················· 261
- ■ 執筆者紹介 ················· 264

ix

読者特典

本書の電子版の無料ダウンロードサービスについて

　『IoTシステム開発スタートアップ』をご購入頂き、誠にありがとうございます。本書では読者特典として、紙版の書籍の内容と同一の電子版を無料でダウンロード頂けます。

- 「本書の電子版」のダウンロード提供開始は、2017年5月15日（月）0:00am からの予定です。
- 当サービスのご利用は、本書をご購入頂いた方に限ります。
- ダウンロード期間は、本書刊行から2027年4月30日までです。
- 電子版の閲覧には、専用の閲覧ソフトが必要になります（無料）。閲覧ソフトは、Windows版、iOS版、Android版はありますが、Mac版はございません。ご了承ください。

◆本書の電子版のダウンロード手順
　（ダウンロード提供開始は、2017年5月15日（月）の予定）

　弊社の『電子コンテンツサービスサイト』にて「コンテンツ引換コード」を取得し、電子書籍サイトコンテン堂の『リックテレコム 電子Books』でダウンロードする手順になります（「コンテン堂」は、アイプレスジャパン株式会社が運営する電子書籍サイトです）。

① 『電子コンテンツサービスサイト』（http://rictelecom-ebooks.com/）にアクセスし、[新規会員登録（無料）] ボタンをクリックして会員登録を行ってください（会員登録にあたって、入会金、会費、手数料等は一切発生しません）。

② 手順①で登録したメールアドレス（ID）とパスワードを入力して［ログイン］ボタンをクリックします。

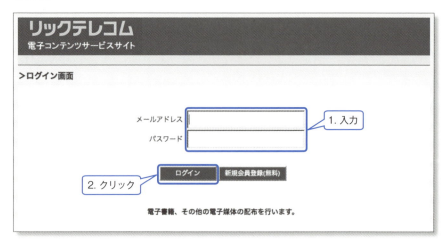

x

③『コンテンツ引換コード取得』画面が表示されます。

（＊）別の画面が表示される場合は、右上の［コード取得］アイコンをクリックしてください。

④ 本書巻末の袋とじの中に印字されている「コンテンツ引換コード申請コード」（16ケタの英数字）を入力してください。その際、ハイフン「-」の入力は不要です。次に、［取得］ボタンをクリックします。

⑤『コンテンツ引換コード』画面に切り替わり、「コンテンツ引換コード」が表示されます。

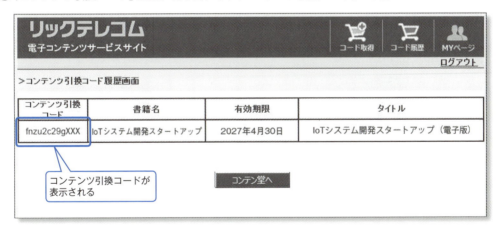

⑥ ［コンテン堂へ］ボタンをクリックします。すると、コンテン堂の『リックテレコム 電子Books』にジャンプします。

⑦ 「コンテンツ引換コードの利用」の入力欄に、「コンテンツ引換コード」が表示されていることを確認し、［引換コードを利用する］ボタンをクリックします。

xi

⑧ ログイン画面が表示されます。コンテン堂を初めてご利用になる方は、［会員登録へ進む］ボタンをクリックして会員登録を行ってください。なお、すでに登録済みの方は、メールアドレス（ID）とパスワードを入力して［ログイン］ボタンをクリックし、手順⑫に移ります。

⑨ 会員情報登録フォームに必要事項を入力して、［規約に同意して登録する］ボタンをクリックします。

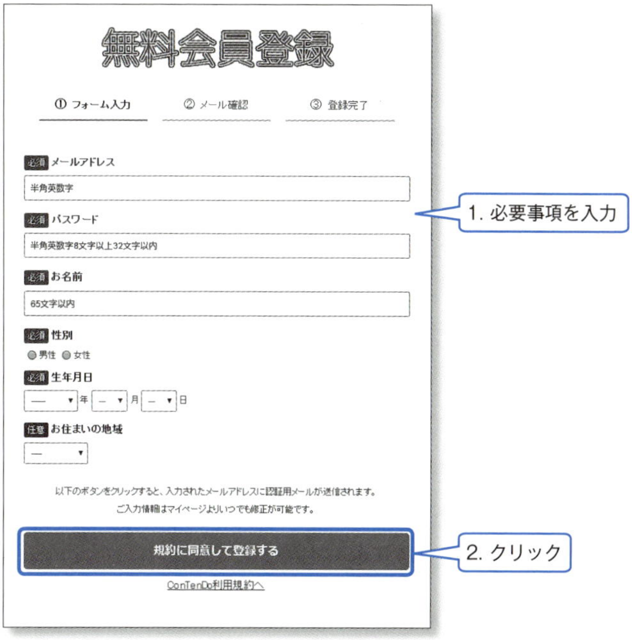

無料会員登録

① フォーム入力　② メール確認　③ 登録完了

必須 メールアドレス
半角英数字

必須 パスワード
半角英数字8文字以上32文字以内

必須 お名前
65文字以内

必須 性別
◉男性 ◉女性

必須 生年月日
－ ▼ 年　－ ▼ 月　－ ▼ 日

任意 お住まいの地域
－ ▼

以下のボタンをクリックすると、入力されたメールアドレスに認証用メールが送信されます。
ご入力情報はマイページよりいつでも修正が可能です。

規約に同意して登録する

ConTenDo利用規約へ

→ 1. 必要事項を入力

→ 2. クリック

⑩『確認メールの送付』画面が表示され、登録したメールアドレスへ確認メールが送られてきます。

⑪ 確認メールにある URL をクリックすると、コンテン堂の会員登録が完了します。

⑫『コンテンツ内容の確認』画面が表示されます。ここで [商品を取得する] ボタンをクリックすると、『商品の取得完了』画面が表示され、電子版の取得が完了します。

⑬ [マイ書棚へ移動] ボタンをクリックすると『マイ書棚』画面に移動し、電子版の書籍をご利用になれます。

（＊）ご利用には、「ConTenDo ビューア（Windows、Android、iPhone、iPad に対応。Mac は非対応)」が必要になります。15 ページに示した画面の左上にある [ConTenDo ビューア DownLoad] ボタンをクリックし、指示に従ってインストールしてください。

「本書の電子版」のダウンロード手順等については，下記のサイトにも掲載しています。
http://www.ric.co.jp/book/contents/pdfs/download_support.pdf

xiii

ソースコードの入手先とサポートサイトについて

本書に掲載しているソースコードは、次のサイトからダウンロードして利用できます。

http://www.ric.co.jp/book/index.html

上記サイトの左欄「総合案内」→「データダウンロード」をたどって、該当する書籍『IoT システム開発スタートアップ』の zip ファイルをダウンロードして下さい。なお、ダウンロードには ID とパスワードを入力する必要があります。ID とパスワードは次の通りになります。

ID　　　：ric0941
パスワード：iot0941

また、本書の内容の補足やアップデート情報につきましては下記のサイトを参照下さい。

http://www.ric.co.jp/book/contents/pdfs/1094_support.pdf

Ⅰ部

IoTシステム実現のための基礎知識

　本書では身近なテーマ「鳥害対策IoTシステム」を実現することを目標にし、IoTの全体像の一例を解説しています。IoTに必要な技術はセンサー、デバイス、ネットワーク、クラウドによるデータ収集、蓄積、データ活用など、各技術範囲が幅広く、しかも各技術要素のそれぞれの領域で、どんな手段があり、どう活用できるのかといった知識が必要です。また、急速に変化・進化しているこのIoTの技術動向・標準化の動きについても注視しておく必要があります。

　この第Ⅰ部では、IoTシステムの定義、IoTシステムの活用方法、そして第Ⅱ部で実現する「鳥害対策IoTシステム」を前提にした基礎知識について具体的に解説します。

1章 そもそも「IoTシステム」とは？

2章 IoTシステムの活用方法

3章 IoTシステムを実現するためのアーキテクチャ

そもそも「IoTシステム」とは？

　近年、ITの世界では、クラウド、ビッグデータ、モバイル、スマートマシンといった技術と共に、「IoT（Internet of Things）」が注目され、そのテクノロジーとしての可能性に期待が寄せられています。この章では、「IoT」の定義、その技術的背景を解説し、どのような分野で、どのように役立つのかを簡単に紹介します。

1.1　**IoTの定義**
1.2　**IoTが注目される技術的背景**
1.3　**IoT活用が期待される分野**

1.1 IoTの定義

　一般に「IoT」、すなわち"Internet of Things"、日本語で「モノのインターネット」という言葉が、どのように定義されているのかネットで調べてみました。その代表例として、IT業界の市場調査及びコンサルティング会社として有名なIDC（International Data Corporation）社とGartner社の定義を紹介しましょう。

● IDC社の定義

　「IP接続による通信を、人の介在なしにローカルまたはグローバルに行うことができる識別可能なエッジデバイス（モノ）からなるネットワークのネットワーク市場。」

● Gartner社の定義

　「物理的なモノ（物体）のネットワークである。また、その物体には、自らの状態や周辺環境をセンシングし、通信し、何かしらの作用を施すテクノロジが埋め込まれている。」

図1.1.1　社会のあらゆるシーンに広がり浸透してゆくIoTから膨大なデータが生み出される

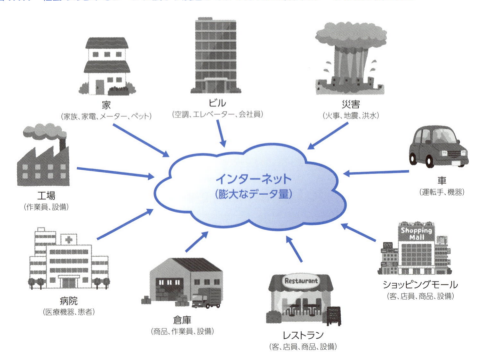

この2社に限らず、IoTの定義はそれぞれの企業もしくは組織によって微妙に異なるようです。いずれにしても、通信機能をもった「モノ」がIPネットワーク、すなわち「インターネット」に接続されることになります。

　ちなみに、インターネットにつながる「モノ」の数は、Cisco社の2013年の予測によると、2020年には300億〜500億に達するといわれています。これを発表したニュースリリースは既にCisco社のサイトから削除されていることからすると、現在ではもっと膨大な数量になるのでしょう。

　いずれにしろ、この膨大な数のデバイスやモノから日常的リアルタイムに生み出されるデータ量は、想像を絶する量と言えるでしょう（図1.1.1参照）。

1.2 IoTが注目される技術的背景

　そもそもIoTはここ数年、つまり2010年ごろから注目をされ始めた真新しいテクノロジー／ムーブメントに見えますが、1990年代後半から2000年代にかけて話題となった「ブロードバンドやユビキタスコンピューティング」にIoT技術の萌芽となる概念が含まれていました。

　この「ブロードバンド」や「ユビキタスコンピューティング」は、「いつでもどこでも」利用できるコンピューティング環境を実現しようとするもので、身のまわりの「モノ」にコンピュータを組み込みネットワークに接続しようというIoTの基本的なコンセプトが包含されていたのです。

　また、当時普及し現在も利用されているRFID（Radio Frequency Identification）やICタグは、小さなチップを様々な「モノ」に埋め込む仕組みですが、これもIoTの基本的な仕組みのひとつと言えます。

　IoTは、その萌芽が「ブロードバンド・ユビキタス」にあったにせよ、前節で紹介した定義や図でわかるように、広大で急速に進化している技術で、IoTが登場するまで、同じような考え方はいろいろ出てきました。それらキーワード及び提唱者を整理したものを図1.2.1に示します。

図1.2.1　普及が進んでいる背景

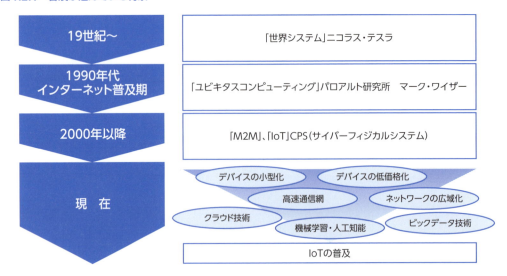

　では、2000年以降、特にここ数年の間に何があったのでしょうか。

　図1.2.1の「現在」の右側にもあるように、IoTの急速な進化を推進している要因を整理すると、次のようなものが挙げられます。

- センサーデバイスの低価格化、小型化、省電力化
- センサー種類の多様化
- キャリア回線の低コスト化
- 無線ネットワーク（WAN/LAN/PANのいずれも）の普及と規格の多様化
- クラウドの普及
- 機械学習など、人工知能（AI）の進化
- ロボット技術の進化

　これらの領域がもつ技術の広がり、そして産業としての大きさは計り知れません。これらの一つひとつの項目だけでも想像を超えた広がりをもっています。

　また例えば、スマートフォン等のスマートデバイスを使いこなしていれば実感できることですが、ここ十年で、近距離／広域を問わず大容量で高速な通信技術、あるいはまたクラウドコンピューティング、ビッグデータ処理、さらに機械学習・人工知能といったソフトウェア技術においても、時代を画するような技術革新が進んできています。この急速な進歩は、現在はもちろん、今後も当面続くのでしょう。

　このように、あらゆる「モノ」とインターネットがつなげ易くなり、容易にデータを集められることにより、集まったデータを解析・分析することが可能になることで、新たな付加価値の高いビジネスモデルへの期待が高まっているのが現状と言えます。

1.2　IoTが注目される技術的背景

1.3 IoT活用が期待される分野

まず、外部環境の観点、つまり自然環境、社会環境からその活用範囲を見てみると、次の2つが挙げられます。

- **自然環境への活用**：自然災害や老朽化が進む構造物の監視。防犯対策など。
- **社会環境への活用**：少子高齢化に対する政策課題など。

これらの課題に対しIoTによる解決の可能性へ期待が高まっているといえますが、もう少し具体的に業界・分野別の視点から見ると、次のような状況にあると言えます。

●業界または分野別のIoT活用

製造分野
- センサーネットワークにてリアルタイムに取得したデータを工場運営や企業の経営にフィードバック。
- 更には、ロボット技術を併用して無人化による自動生産の技術としてもIoT活用が検討されている。

医療分野
- 医療器材へのネットワーク接続し情報を管理することはもとより、センサーによるバイタル情報の取得や飲食履歴などからの健康を害する状況を発見し、生活習慣を改善する予防医療への活用などが検討されている。

エネルギー分野
- ビル、マンションや一般家庭における消費電力量の「見える化」による消費電力の削減など、現状でのIoT活用は既に始まっている。

公共インフラ分野
- 橋梁やトンネルなどの構造物にセンサーを取り付け、老朽化、耐震性などを監視する構造物のモニタリングにより、メンテナンスコストの低減や部品の調達コストの削減に活用されている。

環境分野
- 自然災害対策として、河川崩壊や山崩れなど自然事象をセンサーやカメラにて監視し、モニタリングすることにより、防災でのIoT活用が進められつつある。

農業・園芸分野
- センサーによる栽培状況をモニタリングすることにより、生産性向上が期待できる。更には、農業経営の高度化・応用化としてそのノウハウをIT技術で蓄積したり、安全・安心対策へのIoT活用が検討されつつある。

これらのほか、防犯、マーケティングなど幅広い分野で、IoTの活用、導入が検討されており、実用化が進んでいます。

IoTシステムの活用方法

　この章では、2.1節で、「IoTシステム」をモニタリングモデル、制御モデル、分析モデル、学習モデルに分類し、実際の活用例を紹介します。2.2節では、本書で作る「鳥害対策システム」を例にして、IoTシステムの全体像、ストーリーの描き方、さらにその利用モデルについて説明します。最後に、IoT標準化団体とそのアーキテクチャの動向について説明します。

2.1　まずIoTシステムの活用モデルを知っておこう
2.2　IoTシステムの活用ストーリーを描いてみよう
2.3　IoT標準化団体とそのアーキテクチャの動向

2.1 まず IoT システムの活用モデルを知っておこう

「IoT」と一言でいっても、その仕組みや利用方法は様々です。モノにセンサーなどを取り付け、その情報を吸い上げるモデルもあれば、ネットワークを通じてモノを制御するモデルもあります。また、吸い上げた情報に分析を加えることで新たな価値のある情報を生み出す、あるいは、その分析結果も使用して新たな論理やルールを生み出すといった機械学習のアプローチも近年では見られるようになってきました。

実際には、これらの利用用途は複数にまたがることが多く、厳密に分類することは難しいのですが、ここでは、便宜的に IoT の利用用途を分類し、モデル化した上で、事例を交えて紹介します。

2.1.1 ▶ モノをモニタリングするモデル

このモデルは、対象物にセンサーなどを取り付けることで、センサー情報をネットワーク経由で吸い上げ、対象物の異常の有無や稼働状況をモニタリングするモデルです。

近年 IoT は、高価で大型の産業機械の状態監視を中心に普及してきました。こうした経緯もあり、IoT の利用モデルのうちでも、このモニタリングモデルが最も普及しているといえます。

実際の業務においても、運用されている IoT システムの多くは、このモニタリングの仕組みが取り入れられています。現在では、無線ネットワーク技術の発達やセンサーデバイスの小型化・省電力化が進み、屋外でのモニタリングが容易にできるようになりました。これによって、モニタリングする対象も、産業機械だけでなく、橋梁やトンネルといった構造物、自動車や飛行機といった移動体、さらに人工のモノに限らず、山の斜面や河川といったモノまで、様々な分野にモニタリングモデルの IoT 活用は広がってきています。

活用例1 ▶ 橋梁のモニタリング

社会インフラ関連のモニタリングで最もイメージしやすい活用例の一つが、橋梁のモニタリングです（図2.1.1）。日本では、高度経済成長期に建設した橋やトンネルといった社会インフラの老朽化が進んでおり、今後20年で、現存の橋とトンネルの半分以上が建設後50年を経過することになります。そこで期待されているのが、IoT の技術を活用した橋梁のモニタリングです。

橋梁のモニタリングでは、橋に「加速度計」、「変位計」などを設置し、常時、計測された情報をネットワーク経由で収集します。加速度計は橋を車が通過する際の振動の加速度（どれだけ急激に動いたか）を計測し、変位計は車の通過の際の橋の変位量（どれだけ大きく動いたか）を計測します。加

図2.1.1　橋梁のモニタリングのイメージ

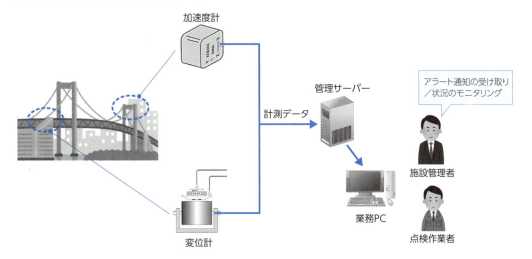

速度や変位量については、季節や時間帯に応じてあらかじめ正常な範囲を設定しておき、実際に計測された値が正常な範囲から外れた場合には、管理者にアラートを通知します。

これにより、橋梁の異常を早期に検知できるだけでなく、計測したデータをもとに点検項目の重点化や絞り込みを行うことで、作業の効率化も期待することができます。

活用例2 ▶ 土砂災害監視

国土の約7割が山岳地帯である日本は、台風や大雨の際に土砂災害が発生しやすい自然環境にあります。土砂災害が発生する恐れのある危険箇所は全国で約53万箇所あり、平均して1年間におよそ1,000件もの土砂災害が発生しています。

図2.1.2　土砂災害監視のイメージ

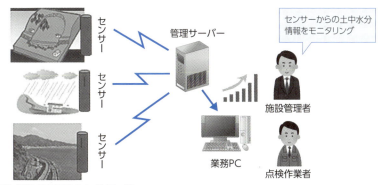

そこで、現在、IoTを用いて土砂災害危険箇所を常時監視する取り組みが進められています（図2.1.2）。

従来から土砂災害監視に用いられているセンサーは、危険箇所にワイヤーを張るもので、地表面が移動することによって生じる伴いワイヤーの移動または切断を検知しアラートを通知するものです。これにより、地すべりや土石流の発生が線路や道路などの交通インフラの管理者に伝わり、運行停止や通行止めの判断を行うことができます。

最近では、土砂災害の危険性を事前に判断しようという取り組みも行われています。地上の変位だけではなく、水分量が測れるセンサーを地中に埋め込むことにより、地中の水の流れの変化を把握しようとするものです。土砂災害は、地中が水で満ち、土中の摩擦抵抗が減少することで発生します。この水の動きを把握することにより、事前に危険度を判断し、近隣住民の避難に役立てることができます。

2.1.2　モノを制御するモデル

モニタリングモデルでは、センサーを通じてモノの情報を吸い上げる仕組みを紹介しましたが、モノがインターネットにつながるIoTでは、モノの情報を吸い上げるだけではなく、ネットワーク経由でモノを制御することもできます。

従来、スタンドアローンで動く仕組みとしては、組込型システムが様々なモノの制御に用いられています。例えば、冷蔵庫やエアコンなどの家庭用電気機器、カーナビや鉄道車両やエレベータといった輸送機器、さらには、信号機や工作機や自動販売機といった産業用機器など様々です。これら従来の電子機器類がスタンドアローンの組込型システムではなく、インターネットに接続することで、より複雑な処理を必要とする制御や、機器単独ではなく複数のモノを組み合わせた場合の最適化が可能になってきました。

活用例1 ▶ BEMS

モノの制御の例としては、BEMS（ベムス）があります（図2.1.3）。BEMSとは、「Building Energy Management System」の略語であり、日本語で簡単に言えば「ビルエネルギー管理システム」のことです。住宅などを対象とする場合は、「Home Energy Management system」でHEMS（ヘムス）などと呼ばれます。

BEMSでは、照明やコンセントといった電力設備に計測装置を取り付けて、ビル全体の電力使用状況を監視します。ここまでであれば、モニタリングでの仕組みと近いのですが、この仕組みに組み合わせて、ネットワーク経由で、照明や空調設備などを弱める、あるいは一時的に停止させるような制御を行うことができます。

電力の基本料金は、最大の電力使用が大きいほど高くなっていますが、BEMSを活用するメリッ

図2.1.3 BEMSのイメージ

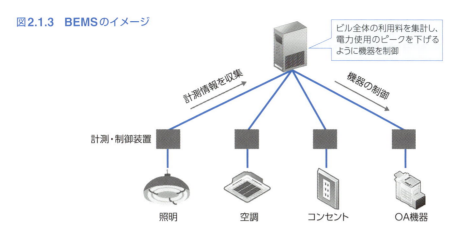

トは、ビル全体の電力使用を把握し、そのピークが一定以下になるように電気設備を制御することで、電力使用のピーク値を下げ、電気料金を削減できる点にあります。

活用例2 ▶ 自動車の自動運転

自動車の自動運転に向けて、各自動車メーカーやIT企業が実用化研究を進めています。一言に自動運転といっても、その内容やレベルは様々です（図2.1.4）。

すでに実用化されているレベルですと、前方の障害物を検知して、自動的にブレーキをかけて衝突を回避あるいは、衝撃を軽減する自動ブレーキシステムや、前方の車との車間距離を一定に保ち続けるACC（Adaptive Cruise Control）、さらには、高速運転時に車線に沿って走行できるようにハンドル操作をアシストするLKAS（Lane Keep Assist System）などがあります。

将来に向けた高度な自動運転技術としては、高速道路運転など限定したシチュエーションで、人の運転操作を必要としない自動運転、あるいは、一般道路を含めて人の運転操作を必要としな

図2.1.4 自動車の自動運転のイメージ

2.1 まずIoTシステムの活用モデルを知っておこう　013

い完全自動運転などを目指す企業もあります。

　現在、すでに採用されている自動運転補助技術の範囲であれば、スタンドアローンで制御を実現できるケースがほとんどですが、今後、完全自動運転を目指すためには、ネットワークを経由した複雑な処理が必要になってきます。

　例えば、一般道で安全に走行するためには、車道に隣接する歩道に人がいるかどうか、歩道の人が歩いているか自転車に乗っているか、などの状況を認識して危険性を判断するといった、複雑な処理技術が必要となります。

　自動走行実験や実用化後の運用を通じて得られる大量のセンサーデータや画像のデータをインターネット経由で蓄積し、そのデータを機械学習処理し（「2.1.4　集めた情報から学習するモデル」にて後述）、さらに、その結果を車側のソフトウェアに反映させることにより判定精度を向上させ、車をより安全に制御することが可能となります。

2.1.3 ▶ モノから集めた情報を分析するモデル

　IoTでは、センサーなどを通じてモノから情報を取得しますが、その対象のモノが多くなればなるほど、そこから集まってくるデータも莫大な量になります。このIoTを通じて集められた莫大な情報を分析することにより、新たな法則や傾向の発見はもとより、より価値の高い情報や知見を得ることができます。

　大量情報の処理により、新たな価値のある情報を生み出すという手法は、ビックデータとして数年前から注目を集めていますが、そのビックデータの対象は、これまですでにデジタルデータとして存在するものが主であり、SNSなどのインターネット上のソーシャルなデータや、すでに各企業が保有する売上や顧客に関するデータなどでした。

　しかし、IoTを導入すれば、これまで取得できなかった情報を人手を介さず、現場に存在するモノから直接取得することができるようになります。ビックデータが活用できる分野は、ますます広大になっていくと言ってよいでしょう。

活用例1 ▶ 交通情報サービス

　近年では自動車の走行情報を収集し、大量の情報を分析活用する事例が見られるようになってきました（図2.1.5）。具体的に言えば、自動車の走行位置、経路、速度などの情報をWi-Fiスポットや専用の通信機器を用いて、ネットワーク経由で収集することにより、クラウド環境で、どの経路がスムーズに通行できるか、あるいは災害時などには、どの道路が通行できないか、といったことを分析します。

　分析した結果情報は、各車両に搭載されたカーナビゲーションシステムに反映することにより、利用者にリアルタイムの交通情報や、これまでよりも高い精度の最短経路情報を提供することが

図2.1.5 交通情報サービスのイメージ

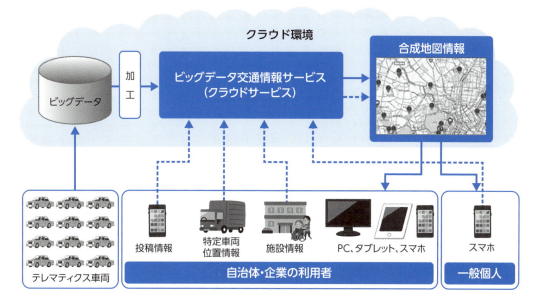

可能です。また、運送業などの民間企業や、災害時の自治体などへは、ウェブサイト上で地図に分析情報をマッピングした情報として提供することにより、複数の車両の経路を中央から管理するといった用途にも利用することができます。

活用例2 ▶ スマートグリッド・スマートメーター

　スマートグリッドは、従来の送電機能を持った電力網に通信機能や制御機能を加えることにより、送電の最適化や停電の防止を目指す仕組みのことです。2000年頃から米国を中心に検討が進んでおり、現在、日本を含めて様々な実証実験が行われています。ちなみに、電力の消費情報をリアルタイムに把握することにより、送電の最適化や、無駄な発電を抑制する仕組みの導入が進行中です（図2.1.6）。

　従来、電力の消費情報というのは、各家庭やオフィスに設置されている電力メーターが計測していますが、料金計算のために一定の期間ごとに電力会社が直接電力メーターをチェックするだけで、リアルタイムの電力消費情報を把握する方法はありませんでした。そこで、既存の電力メーターの代わりに、通信機能を持った電力計であるスマートメーターを設置することにより、リアルタイムに電力消費情報を電力会社に送信することができるようになります。

　電力会社は、各家庭やオフィスから送信される情報から、区域全体の電力消費情報をリアルタイムで知ることができ、余分な発電を抑制し、より消費の多い地域に多く送電するなど、送電経路を変えることで、送電の最適化を図ることができます。消費者にとっても、電力会社の発電コ

図2.1.6 スマートグリッド・スマートメーターのイメージ

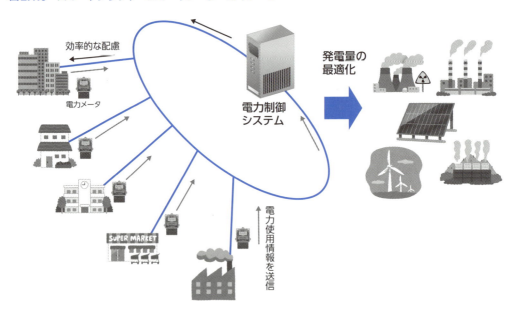

ストを抑制することによる電気料金の値下げという間接的なメリットだけではなく、自分の家庭のリアルタイムの電力消費量を知ることにより、電力会社と最適な料金プランで契約を結ぶことができるなどのメリットがあります。

2.1.4 モノから集めた情報から学習するモデル

　IoTシステムによって集められたデータをコンピュータが学習していくことで、これまで人が行ってきた難しい判断を機械が代わって行えるようにすることができます。このような、人間が行っている学習能力と同様の機能をコンピュータで実現しようとする技術を**機械学習**と言います。

　機械学習が用いられている例としては、ECサイト（Electronic Commerce：電子商取引）で商品を購入すると、ECサイト全体の購入履歴から購入者の興味がありそうな別の商品を推測し、おすすめするような仕組みや、チェスや将棋の過去の対局情報から、機械学習を利用したコンピュータと人間の対局といったことがすでに現実のものとなってきました。

活用例1 ▶ エレベータメンテナンス

　エレベータには、様々な情報を取得するためのセンサーが取り付けられている機種があります。ドアの開閉回数、重量、電圧、どのフロアに止まっているかなどの情報を機械学習することにより、

図2.1.7　エレベータメンテナンスのイメージ

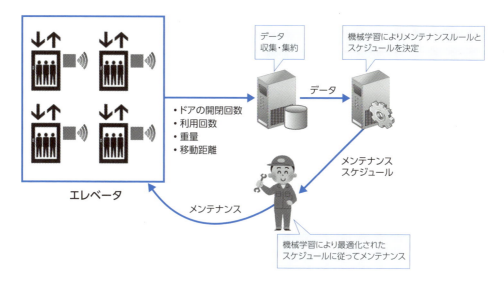

エレベータのメンテナンス効率の向上に活用している事例があります（図2.1.7）。

　従来から、エレベータのメンテナンスは、期間を決めて定期的に行っています。しかし、各エレベータにかかる負荷というものは、使用頻度や使用環境によって異なってきます。例えば、あるエレベータの機種について1年に1回のメンテナンスを実施するとした場合、その1年間でのドアの開閉回数、使用された頻度、運んだ人の数やモノの重量、上下に移動した距離などは、個々のエレベータごとに大きく異なってきます。一定の期間を設けても、ケースによっては、想定以上にハードに使用されて、負荷がかかっていたり、逆にメンテナンスを要するほどは負荷がかかっていなかったりします。

　そこで、各エレベータの使用状況によって、適切なタイミングでメンテナンスを行えば、エレベータの故障を防ぎ、メンテナンスの効率化を図ることができます。

　しかし、そのためには、ただセンサーからの情報を取得するだけでは、メンテナンス効率を良くする情報とはなりません。どれくらいの使用状況のときに、メンテナンスが必要なのかを判断するためのルール作りが必要となります。そこで、どれくらいの使用状況のときに、それぞれの部品に磨耗や故障が発生するかといった情報を機械学習によってルール化することにより、適切なメンテナンスのタイミングを設定することができるようになります。

活用例2 ▶ 顔認識

　機械学習の仕組みを利用して、カメラの静止画や動画（以下、合わせて「画像」）から、対象物が何であるかを認識することができます。特に、人の顔を対象とする技術を「顔認識」といいます。

図2.1.8　顔認識のイメージ

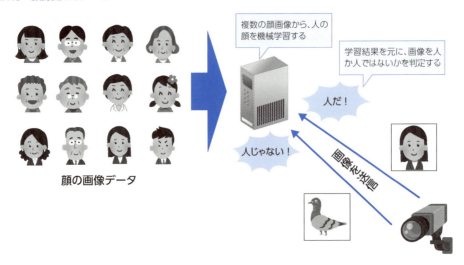

　顔認識には、人の顔か、それとも人の顔ではないかを判定する単純な仕組み（図2.1.8）から、顔の情報からその人の性別や年齢を推定するような仕組み、あるいは、顔の画像から個人を特定するような、いわゆる顔認証の仕組みなどがあります。

　機械学習による画像認識の仕組みは、人の顔以外の対象物でも応用が可能です。例えば、鳥、魚、車、靴など、外見上の形に、ある程度の統一性のあるものであれば、対象物の画像を使って機械学習させることで、コンピュータによる認識ができるようになります。機械学習では、認識を行う前の学習の際に多くの画像を使って学習させるほど、認識の精度が高くなります。

　すでに商業的に利用されている顔認識の仕組みとしては、スーパーマーケットなどの小売店の入口にカメラを設置して、来店する顧客の顔から性別や年齢を推定するものがあります。季節や時間帯などの情報と来店者の年齢や性別を分析することで、どの時期にどのようなキャンペーンを行うか、あるいは、どのような時間帯にどの商品のセールを行うかなどの商品企画や販売戦略の立案に役立てている例があります。

2.2 IoTシステムの活用ストーリーを描いてみよう

本書では、IoTシステム、具体的には「鳥害対策システム」を、IoTのわかりやすい典型的な活用例として取り上げ、3章でそのアーキテクチャ（基本設計・構成）について、4章及び5章ではその実装方法について解説していきますが、ここでは、その対象となるIoTシステム、すなわち「鳥害対策システム」の活用ストーリーを描いてみることにしましょう。

2.2.1 ストーリーに取り込むべきIoTの重要要素

前節で、IoTシステムの活用モデルとその事例を紹介しましたが、情報を取得・活用していくプロセスが、次の4つの要素に大きく分けられることがわかります。

その1：モノの状態を把握可能な情報に変換する機器としての「センサー」あるいは「カメラ」
その2：その1からの情報を集めて、サーバーなどの処理機構に伝達するための手段としての「ネットワーク」
その3：収集した情報を「分析・学習する」仕組み
その4：その3の結果を受けて、何らかの「判断」あるいは「制御」を行う仕組み

本書では、この4つのIoTにおける重要要素を一通り網羅しつつ、シンプルかつ身近でイメージしやすいストーリーとして「鳥害対策IoTシステム」を構想したわけです。読者個人においても、再現方法がイメージできることを目指しています。

2.2.2 本書で作る「鳥害対策IoTシステム」のストーリー

この「鳥害対策IoTシステム」の目的は、鳥による被害が発生するようなシチュエーションにおいて、鳥の存在を検知し、鳥を追い払うことです。

具体的には、家庭菜園を思い浮かべればイメージしやすいでしょう。近年、マンションのベランダや一軒家の庭などで、トマト、ナス、キュウリ、ハーブなど様々な野菜を育てて、自宅の食卓に並べている人も珍しくありません。しかし、せっかくプランターや土を用意して、水をあげて育てても、収穫前に鳥に食べられてしまってはガッカリです。場合によっては、そのショックから心が折れ、二度と野菜など作らないと決心してしまうようなケースや、トマトを見るたびに、大切に育てたトマトをカラスに食べられてしまったことを思い出し、悲しい気持ちになるなどのトラウマを抱えてしまうこともあるでしょう。

2.2　IoTシステムの活用ストーリーを描いてみよう　　019

また、鳥害ということでは、家庭菜園にかぎらず、ゴミ捨て場がカラスに荒らされるケースなどもあります。生ゴミなどが、カラスに荒らされて散らかっていると、回収に手間がかかるだけではなく、臭いや景観が悪くなるといった問題が発生し、ゴミ捨て場の近隣の住民は大変迷惑してしまいます。

　このような身近な課題を解決する仕組みとしてIoTシステムが活用できないか、というのがこのシステムの目的です。つまり、鳥の存在を検知し、自動的に鳥を追い払う「鳥害対策IoTシステム」を作りあげるわけです（※本書の範囲は、鳥の検知までです。）。

2.2.3　「鳥害対策IoTシステム」の全体像

　「鳥害対策IoTシステム」の技術的なアーキテクチャや実装方法については、4章以降で後述することとし、ここではその全体像について説明します（図2.2.1）。

　2.2.1項の4つの重要要素と2.2.2項のストーリーから、このIoTシステムは、機器構成レベルの言葉で表現すれば、大きく「センサー」、「ネットワーク」、「サーバー」、「スピーカ」から構成されることになります。

　また、処理プロセスの大まかな流れは、次のようになります。

「あるエリアに侵入してきた動物の存在を認識する」
　　↓
「対象の動物が鳥かどうかを判定する」
　　↓
「鳥であれば、鳥が嫌がる音を発生する」

図2.2.1　鳥害対策IoTシステムの全体像

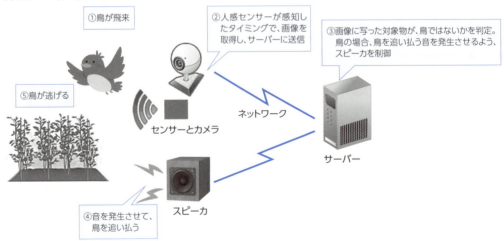

なお、このプロセスには、鳥を認識するために「学習する」プロセスを含めていませんが、システムを構築する段階において、鳥の形状を学習し認識するプロセスが行われることになります。

　では更に、この大まかな流れを踏まえて、前述の「鳥害対策」ストーリーと機器構成レベルで、具体的な処理の流れを追いかけてみましょう。図2.2.1を見てください。

① まず、「センサー」では、人間や鳥を含む動物を検知できる人感センサーと、動画あるいは静止画が撮影できるカメラを用意します。人感センサーは、温度を持つ物体から自然に放射される赤外線を検知するものなので、対象が人ではなくても、恒温動物である鳥などの存在も検知することができます。

② 何かしらの動物が現れたことを人感センサーによって検知した後、カメラによる撮影を行います。カメラは、常時撮影中の「電源オン」状態のままにしておくと効率が悪く、かつ電気料金が高くなってしまいます。それに、鳥かどうかの判定に用いる画像は、実際に何かしらの動物が現れたときのみに必要となるので、人感センサーと連携して、動物が現れたときのみ撮影し、サーバーへの画像の送信を行えばよいことになります。

③ サーバー側では、送信された画像を受け取り、鳥かどうかの判定を行います。

④ 鳥であると判定した場合には、現地に設置してあるスピーカに対して音を出せという制御命令を送信します。

⑤ そして最後に、制御命令を受信したスピーカが実際に音を発生し、鳥を追い払うことになります。

※ なお、4章及び5章で解説する内容は、上記の①〜③までとします。

　以上が、本書で構成する「鳥害対策IoTシステム」のストーリー、システム、処理の流れの全体像になります。

2.2.4 ▶ 「鳥害対策IoTシステム」の応用例

　本書で取り上げた「鳥害対策IoTシステム」は文字どおり、鳥を追い払うことを目的としたIoTシステムですが、ここで使う基本的な構成要素は特別なものではなく、部分的な置き換えを行えば、他の様々な用途に応用することができます。ここでは、「鳥対策IoTシステム」を応用して構築できる、ほかの具体的なアイデアをいくつか紹介しましょう。

応用例1 ▶ 野菜育成支援IoTシステム

　鳥害対策IoTシステムは、人感センサーを利用して家庭菜園などを鳥害から防ぐことを目的としていますが、この人感センサーに照度計、温度計を加えれば、家庭菜園などの野菜の生育環境

2.2　IoTシステムの活用ストーリーを描いてみよう　　021

をモニタリングするシステムに応用することができます。

照度計では、どれくらい日光があたっているかを測定します。野菜の生育には日照が必要なのですなのですが、ある時点でどれくらいの日照があるかよりも、植えてから（発芽してから）累積でどれくらいの日が当たったかが重要になります。日照センサーの取得情報は一定以上の照度のある時間が累積でどれくらいの時間になっているかを把握できるようにして、必要に応じてプランターの場所を移動するなどの対応を行います。

また、日照との兼ね合いで温度の管理も必要となります。例えば、ミニトマトであれば、最適気温は25℃前後、最適地中温は22℃程度といわれており、10℃以下になるとトマトが痛みやすくなるので、温度センサーの取得情報からは、毎日の最高気温と最低気温を抽出する仕組みにして、日照との兼ね合いでプランターの位置を調整します。最低気温が低い場合は、カバーをかぶせるなどの対応を行います。

温度の管理においては、野菜の収穫までの目安として積算温度も問題となります。積算温度は、毎日の平均気温を足していったもので、ミニトマトでは開花からの積算温度が800℃（平均20℃であれば、40日間）で収穫できるといわれています。センサー情報から積算気温を算出して、収穫日の食事のメニューなどを考えるのは、家庭菜園テイストにとってこの上ない贅沢ではないでしょうか。

応用例2 ▶ 農家向け鳥獣被害対策IoTシステム

「鳥害対策IoTシステム」の認識対象を鳥だけではなく、イノシシやシカなどまで広げ、そして屋外無線ネットワークを利用することにより、農家の獣害対策としても応用することができます。

「鳥害対策IoTシステム」同様、人感センサーとカメラを用いて動物の接近を検知し、検知したタイミングで画像の撮影を行い、サーバー側では、接近した動物が何であるかを判定する際には、鳥だけではなく、イノシシやシカまでを判定できるようにすることで、被害対策の対象を広げることができます。

鳥獣害の対象動物を認識した際には、音や光により追い払うと考えると、夜間に高頻度に認識するとそれはそれで問題となってしまいますので、その兼ね合いで、認識対象をサルやウサギやタヌキにまで広げるかは疑問が残ります。趣旨は少し変わってしまいますが、人間も判定対象とすることで、鳥獣害対策だけではなく、農作物の泥棒の対策にも応用することも考えられます。

また、家庭菜園など狭い範囲を監視するのに比べ、幾ヘクタールもあるような農園など、ある程度広い範囲をカバーする場合には、ネットワークの構成についても考える必要が出てきます。その点については4章で後述しますが、例えばセンサー周りの無線通信手段にZigBee規格を採用し、メッシュ型に構成したネットワークを通じて多くのセンサーから情報をゲートウェイに集約したうえで、3GやLTEといった携帯通信網あるいはWi-Fiにより、情報をサーバーに送信するといった仕組みが考えられます。

応用例3 ▶ ホームセキュリティIoTシステム

「鳥害対策IoTシステム」の人感センサーを加速度センサーや磁気センサーに置き換えて、窓やドアに設置することにより、ホームセキュリティ監視にも応用することができます。

窓の開閉を検知する仕組みとしては、加速度センサーによる検知と、磁気センサーによる検知があります。加速度センサーは、窓を開ける、あるいは閉める際の加速度（速さの変化）を感知して、窓の開け閉めを検知するものです。

一方、磁気センサーは、一般的な2枚のガラスからなる窓の1枚に磁気センサーを、もう一方の窓ガラスに磁石を取り付けます。窓を閉めたときに2つのセンサーが重なるように設置して、磁石と磁気センサーが窓を開けると離れ、閉めると重なるようにします。このときの磁気変化を捉えて、窓の開閉を検知する仕組みです。

夜間や外出の際に、窓が勝手に開いた場合、警報を鳴らす、あるいは家主に開放を知らせる通知を出すなどの対応を行えば、IoTを取り入れたホームセキュリティシステムとなります。

さらに一歩踏み込んで、窓が開いた際に、センサーと連動して写真を撮影し、そこに写っているのが家族であれば通知を行わず、家族以外であれば通知を行ったうえで、侵入者の姿を保存するようにすれば、より高度なセキュリティシステムとして応用することができます。

応用例4 ▶ お得意様認識IoTシステム

「鳥害対策IoTシステム」と同じ人感センサーとカメラを使った同じ構成のシステムでも、機器類の設置場所をスーパーなどの小売店に変えれば、「お得意様認識IoTシステム」といった全く違う目的のIoTシステムに応用することも可能です。

例えば、お会計の際、レジの前に人感センサーとカメラを設置し、並んでいる買い物客の顔から、リピーターの買い物客かどうかを判断できるようにし、リピーターであれば割引サービスを適用する、あるいはクーポンを発行するといったようなサービスや、売り場で買い物客の顔から年代や性別を識別し、属性にあったおすすめ商品をサイネージに表示するようなこともできるでしょう。

2.3 IoT標準化団体とそのアーキテクチャの動向

ここまで、私たちの身の回りでもできる「ちょっとしたIoT」について説明しました。本書の目標はこのようなIoTシステムを実際に作っていくことですが、ちょっと待ってください。いったん目線を引いて、現在IoTはどのように扱われているのか、策定されているのか、技術の共通基盤である標準化について解説しておきましょう。

この節では、IoTに関わる標準化の動きと基本的なアーキテクチャについて紹介します。ここで標準化の様々な動きを取り上げるのは、国や企業、標準化団体等の思惑もあり、IoTシステムを構成・設計する際には、前提として知っておく必要があるからです。

2.3.1 ▶ 主な標準化団体による標準化の動き

2020年頃にはインターネットに接続される端末が300億個、あるいは500億個を超えるという予測もあり、市場規模が全世界で3兆ドル（1ドル120円の為替レートで360兆円）になるともいわれています。

IoTは「第4次産業革命」をもたらす重要なファクターと考えられており、世界各国がその重要性を認識し始めています。米国やドイツ以外にも、英国、中国、韓国、シンガポール、インド等でも、国策として取り組み始めました。

メーカーやITベンダー、製造業などが中心となり、次々と標準化の取組みが始まり、標準化団体も2013年から2014年にかけて相次いで設立されています。この間の主な団体の設立の動きとしては、次の3つがあります。

- 2013年12月：Qualcommを中心としたAllseen Allianceの設立
- 2014年 3月：GEを中心とした Industrial Internet Consortium の設立
- 2014年 7月：Intelを中心にとした Open Interconnect Consortium の設立

表2.3.1は、主要なIoT標準化団体について取り上げたものです。各IoT標準化団体にはそれぞれの独自性があり、コアテクノロジーやコアとなる構想を持っています。当然ながら、それらの普及を目的としています。では、この表2.3.1を参照しながら、これら標準化団体の主要メンバー、目的、対象領域などを踏まえて、対立軸、共通点、位置付け等を説明してみましょう。

表2.3.1　主要なIoT標準化団体

	Industrie 4.0 Platform	Industrial Internet Consortium	Open Interconnect Consortium	AllSeen Alliance	OneM2M
設立開始時期	2013年4月	2014年3月	2014年7月	2013年12月	2012年7月
主要メンバー	BITCOM、ドイツ機械プラント製造業連盟、電子技術・電子産業中央連合会、SAP、Siemens等	GE、AT&T、CISCO SYSTEMS、IBM、Intel等	Intel、Atemel、Broadcom、Dell、Samsung Electronics、Wind River等	Qualcomm、Haier、LG Electronics、Panasonic、SHARP、Silicon Image、TP-LINK、SONY	世界主要7標準化団体（ETSI（仏）、ARIB（日本）、CCSA（中国）、TTA（韓国）、ATIS（米国）、TIA（米国））
目的	Industrie 4.0の推進と業種横断的アプローチの確保	共通アーキテクチャの推進	業界標準技術をベースとした共通フレームワークにて相互接続性を推進	家電機器相互接続のフレームワークであるAllJoynの普及	M2Mのためのサービスレイヤの標準化
概要	Industrie 4.0の研究開発、導入のコーディネートをし、スマート工場を実現する。	産業分野のM2M/IoTビジネスを加速するために、オープン技術を用いた共通アーキテクチャを推進し、エコシステムを形成。テストベッドも提供。	多様OS間でM2M/IoTデバイス相互接続性、オープンソース化を進める。	Qualcommが中心として開発した家電機器相互接続用AllJoynをオープンソース化し、普及を活動。	複数のM2Mアプリケーションに跨る共通のユースケースとアーキテクチャに基づき、第1歩として、「M2Mサービスレイヤ」の仕様書作成を目指す。
領域	製造業	航空、電力、医療、鉄道、石油ガス採掘産業	スマートホーム、オフィス	家電、スマートホーム	全方位

■主要標準化団体の比較

　対象領域は標準化団体により異なる場合と重なる場合があります。GEが中心としているIndustrial Internet Consortiumは航空、電力、医療、鉄道、エネルギーの5分野に絞られていますが、Industrie 4.0は業種には絞られてはいません。AllSeen Allianceは家電業界、Open Interconnect Consortiumは情報端末、家庭内機器となっています。AllSeen Allianceは、Androidスマートフォン向けCPUで大きなシェアを握っているQualcommが中心となっています。AllSeen Allianceに対抗する形で設立されたのが、PC向けCPUで大きなシェアを得ているIntelが中心となって設立されたOpen Interconnect Consortiumになります。今後、家電を中心としたIoT関連市場においてQualcommとIntelとの間で、デファクトとなる標準化を巡りしのぎをけずると思われます。

　各IoT標準化団体の位置付けは、中心となる企業により対象となる領域が変わってきます。特徴的なのがIndustrial Internet Consortiumで、重電、重工業を対象とし、日本からもトヨタや富士通、日立、NEC、東芝などの企業が参加しているのに対し、Industrie 4.0はBMW、Bosch、Daimler等のドイツ系自動車関連メーカーが中心に参画し、製造業全般を対象としています。

　Qualcommが中心となっているAllSeen Allianceには日本ではパナソニックやソニー、シャープなどの家電メーカーが参加し、Open Interconnect ConsortiumとAllSeen Allianceは対立関係になると思われます。どちらともコアとなるテクノロジーはLinux Foundationと関係が深く、

2.3　IoT標準化団体とそのアーキテクチャの動向

そこにはできるだけ技術をオープンにし、普及させ、標準のデファクトを得る狙いがあるように見えます。

各団体に共通しているのは、コアとなるテクノロジーがあり、その標準化、普及を目指しているということにあり、Qualcomm、Intel、GEなど業界に影響力のある会社が関わっていることがあります。

IoTの標準化団体には対立軸がいくつもあり、どこが標準化を普及、拡大させるのか動向が気にかかります。これから製品化に向け多くの企業を巻き込んで標準化団体同士で主導権争いが水面下で行われる可能性もあります。

日本のメーカーも続々と標準化団体へ参加しており、中には複数の標準化団体に加盟しているケースもあります。今後、多くの企業、多くの産業に対してIoT標準化活動はさらに活性化していくと考えられます。

また、IoTの標準化活動が進む中、IoTに関するセキュリティについても大きなテーマとなってきています。これまではスタンドアローンやクローズドなネットワーク環境で利用されていた機器やモノがインターネットに接続されるようになるため、情報の漏洩やデータの改ざん、踏み台攻撃の対象など、今までにはなかったセキュリティのリスクが発生します。このようなセキュリティリスクに対し、IoTの標準化活動の中でも検討が始まっています。

2.3.2 ▶ 主要IoT標準化団体のアーキテクチャ

それでは次に、表2.3.1で取り上げた主要IoT標準化団体における、それぞれのアーキテクチャを詳しく見ていきましょう。これは、次章以降の前提知識として、またIoTシステムのアーキテクチャの理解を深めるのに役に立ちます。

● Industrie 4.0

Industrie 4.0は、ドイツ政府の戦略的な国策のひとつになっています。ドイツ国内の産官学で共通の製造業の規格を採用し、それを標準化・国際化することにより、製造業の国際競争力の強化を図ろうとしているわけです。

Industrie 4.0の標準化を進めていくための団体「Industrie 4.0 Platform」を図2.3.1に示します。

ドイツは、Industrie 4.0標準が国際化することにより、製造機械自体の国際競争力の強化を目的としています。スマート工場の機能が標準化され、CPS（Cyber Physical System）として実装されていけば、世界の製造技術の主導権を握ることが可能です。

CPSでは、センサーネットワークなどによる現実世界（Physical System）と、サイバー空間（Cyber System）を密接に連携させることで、現実世界をより良くしていくことを可能にします。

製造業におけるCPSを簡単に説明すると、

図2.3.1　Industrie 4.0 Platform

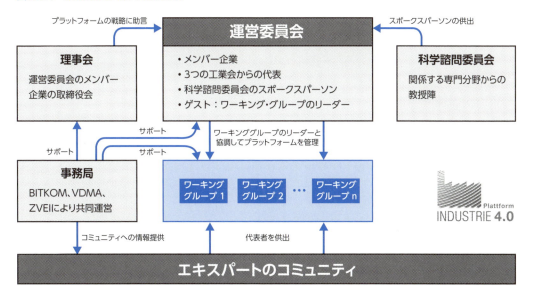

> 設計や開発、生産に関連するデータをセンサーなどで収集、蓄積し、それらを分析することにより、自律的に動作するインテリジェントな生産システムを実現すること

ということになります。CPSによって、個々に違う仕様で生産ラインを、大量生産している時と同じ低コストで実現できることになります。すなわち、マス・カスタマイゼーションが可能となるわけです。

● IIC (Industrial Internet Consortium)

IIC（アイアイシー）は、産業をシステムとして捉え、IoTを活用してビッグデータを分析し、エネルギー、ヘルスケア、製造、運輸、行政などの産業に革新をもたらすため、新しいサービスの創造と、より強力な経済成長、雇用の質と量の改善、生活水準の向上の実現を目指しています。

表2.3.1に示したように、IICはAT&T、CISCO、GE、IBM、Intelの米国5社が創設メンバーとなって、産業市場におけるモノのインターネット関連のテストベッドやベリフィケーションを行う団体として2014年3月27日に設立され、全世界で100社を超える企業や団体が加入しています。

IICはまた、現実世界のアプリケーションのための（すでにある、もしくはこれから開発する）ユースケースやテストベッドの利用、Connecting Technologyを普及させることで、ベストプラクティスやリファレンスアーキテクチャ、ケーススタディ等、必要とされる標準化を提供します。インターネットおよび産業界におけるグローバルな開発プロセスの展開やフォーラムの形成、革新的なセキュリティを核にした信頼性の構築を目的にしています。

● OIC（Open Interconnect Consortium）

　IntelやSamsungなど6社が、モノのインターネット（IoT）に関連する機器の規格と認証を策定することを目的として、2014年7月に立ち上げたのが、この標準化団体OICです。急速に進展するIoT市場において、相互運用性を確保するためのオープンソースフレームワークの構築と規格開発（図2.3.2参照）に取り組み、開発メーカーや機器メーカーに対し容易な機器間接続を可能にすることを目指しています。

図2.3.2　Technology Foundation

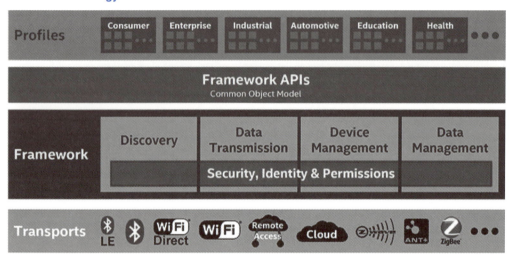

● oneM2M

　oneM2Mは、表2.3.1に示したように、世界の主要な7標準化団体（SDO：Standardizing Organization）が集まり、2012年7月24日に正式に設立されたM2M（Machine to Machine）分野における新しい国際標準化組織です。

　oneM2Mが設立された経緯は、次のとおりです。ETSI TC M2M[1]が2009年1月にM2Mサービス層標準化を目的として設立されて以来、TIA、CCSA等の標準化団体や、OMA、BBFが同様に標準化を開始し、作業の重複やマーケットの分裂・分断化（フラグメンテーション）の懸念が生じてきました。これを背景に、ETSI（の提唱により2011年7月からARIB、ATIS、CCSA、ETSI、TIA、TTA、TTC）の7つのTelecom SDOで非公式に、M2M共通の標準化ソリューションを見出すため、M2Mサービス層標準化活動を統合し、グローバルなイニシアティブ組織の設立を検討してきました。そして、2011年12月に設立に向けた基本的合意に達し、2012年1月にoneM2Mと名称が決定され、2012年7月に正式に発足しました。

1　ETSI（European Telecommunications Standards Institute、ETSI（欧州電気通信標準化機構）、1988年設立）のTechnical Committee M2M（M2M技術委員会）

図2.3.3　oneM2Mのアーキテクチャイメージ

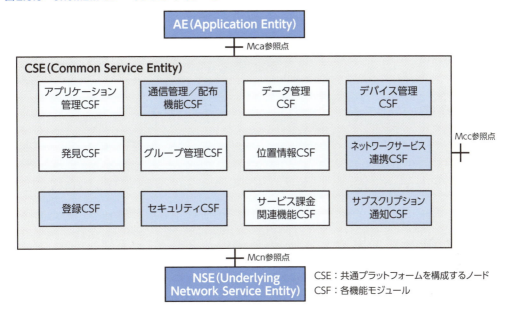

oneM2Mの組織は、独自の垂直型モデルからオープンなプラットフォームによる水平分散型モデルへの展開を図り、M2Mのためのサービスレイヤの標準化を目指してします。図2.3.3にプラットフォームとして必要なセキュリティやアプリケーション、データ、デバイス管理などの12の機能モジュールで構成されたneM2Mのアーキテクチャイメージについて示しておきます。

● AllSeen Alliance

AllSeen Allianceは、Linux Foundation[2]が2013年12月に設立した非営利団体です。AllSeen Allianceは、Qualcommというチップベンダーがリードしながら、標準仕様を作るだけでなく、仕様を実装してオープンソースで配布することで普及を目指し、家電というスマートホーム内の規格を対象にしています。当初のプレミアムメンバーにはHaier、LG Electronics、パナソニック、Qualcomm、シャープ、Silicon Image、TP-LINKといった最終製品を提供するメーカーが多数を占めていました。

AllSeen Allianceが提供するフレームワークがAlljoyn framwork です（図2.3.4）。AllJoynは、複数のデバイスやアプリケーションが相互連携してつながるためのフレームワークです。デバイス共通の機能を提供するコアライブラリと、デバイスの用途ごとに必要となるサービスフレームワークがあります。このフレームワークを使って機器やアプリケーションを開発することにより、相互コミュニケーションが可能になり、各機器がよりスマートに接続されます。

2　Linux OSの普及を支援する非営利のコンソーシアム。

図2.3.4 AllJoyn framwork

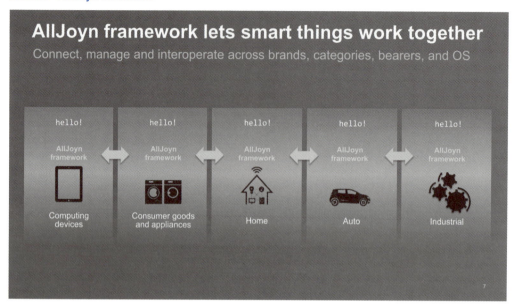

IoTシステムを実現するための
アーキテクチャ

　IoTシステムの典型的で具体的なモデルと、その活用事例を前章で紹介しました。では、そうしたIoTシステムはどのようなハードウェア機器、ネットワーク、ソフトウェア構成と、データの流れで稼動するのでしょうか。この3章では、IoTシステムを実現するための基本アーキテクチャ構成ついて解説します。そして、2.2節の活用ストーリーを基本アーキテクチャに適用して、IoTシステムを設計するための準備を始めます。

3.1　IoTシステムの基本アーキテクチャを理解しておこう
3.2　描いたストーリーを基本アーキテクチャに適用してみよう

3.1 IoTシステムの基本アーキテクチャを理解しておこう

　IoTシステムのアーキテクチャは、図3.1.1に示すように、基本的にフィールド層、プラットフォーム層、オペレーション層の3層、つまり3つのレイヤで構成されます。これがIoTシステムを作っていく上で最も基本となる構成図です。この構成図に2章で描いたストーリーを適用し、各要素の仕様・細部を決めていくことにより、IoTシステムを設計し実現していきます。

　この節では、IoTシステムの仕組みを理解するという観点から、上記3つの層の機能と役割について詳しく解説しますが、まずシステム全体の概要を各要素の機能・役割、データの流れの面から説明しておきましょう。

● IoTシステムの概要

　図3.1.1は、IoTシステムをブロック図で表したものす。このブロック単位の機能と役割、及びデータの受け渡しについて概説すると、次のとおりです。

図3.1.1　IoTシステムの基本アーキテクチャ

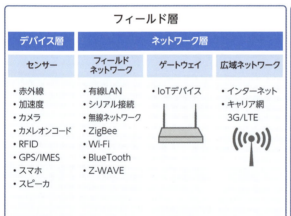

- フィールド層は、各種センサーによりヒトやモノにまつわるデータを取得するためのデバイス層と、取得したデータをゲートウェイで中継して広域ネットワーク経由でクラウドへ渡すまでのネットワーク層の、2つの層で構成されます。
- プラットフォーム層は、フィールド層からのデータを受け取るためのインタフェース機能、受け取ったデータをリレーショナルデータベースやNoSQLにより格納・管理する機能、受け取ったデータをクレンジングや整形化する機能、他のシステムへデータ連携する機能、機械学習などにより解析・分析する機能で構成されます。
- オペレーション層は、IoTシステム全体に対するセキュリティ管理機能と、デバイスへのソフトウェア配布やバージョン管理、デバイス認証しアクティベートを行い、デバイス管理を行う運用管理機能で構成されます。

3.1.1 ▶ フィールド層の機能と役割

フィールド層は、デバイス層とネットワーク層(フィールドネットワーク、ゲートウェイ、広域ネットワーク)により構成されます。では、このフィールド層のデータの流れを追ってみましょう。

(1) デバイス層で、センサーデータを取得する。
(2) フィールドネットワークでは、取得したセンサーデータをシリアル接続や無線ネットワークで収集する。
(3) 収集したデータをゲートウェイであるIoTデバイスで中継する。
(4) ゲートウェイで中継されたデータを広域ネットワーク経由でクラウド（すなわちプラットフォーム層）へ渡す。

以上のようなデータの流れになります。実際にIoTシステムを構築していくためには、デバイスでいえば部品の仕様レベルまで決めていく必要があります。そこで、このフィールド層の各要素を更に詳しく解説します。

【1】 デバイス層（センサー）

デバイス層は、センサー及びセンサーデバイスで構成されます。デバイス層で利用されるセンサーは、工場を中心に店舗やオフィス、家庭などで広く一般にも利用されています。

身近な例では、スマートフォンには加速度センサー、磁気センサー、照度センサー、ジャイロセンサー、GPSセンサー、近接センサー、温度センサー、圧力センサーなど、多くのセンサーが組み込まれています。意識せずに多くのセンサーを使用している状況といえます。

スマートフォンの普及は、センサーの価格低廉化と普及を促していると考えられます。また、スマートフォンの普及によってセンサーが大量に使用され、IoTの普及、牽引に大きく貢献して

3.1　IoTシステムの基本アーキテクチャを理解しておこう

います。すなわち、スマートフォンの普及がIoTの普及を促す要因になっていると考えられます。

センサーは、モノの状態および、そのまわりの環境について、人手を介さずに自動的にデータを取得することができるため、IoTには欠かせない重要な構成要素です。センサーには、表3.1.1のように、データ取得の対象（物理量）ごとに、用途に合わせた様々な種類があります。

表3.1.1　センサーの種類

分　類	センサー種類
光	焦電検出器、フォトダイオード
磁　気	磁気センサー
温　度	測温抵抗体、熱電対、サーミスタ
音　声	マイクロフォン
化　学	イオン濃度、ガス濃度
位　置	GPS（Global Positioning System）、IMES（Indoor Messaging System）
距　離	超音波距離計、電磁波測距
角速度	ジャイロセンサー
加速度	加速度センサー
画　像	CCDイメージセンサー、CMOSイメージセンサー

ここでは、スマートフォンや家電、設備等でよく利用されるセンサーについて紹介します。

●温度センサー

温度センサーは、赤外線や可視光線の強度をもとにして、離れた位置の温度を測ることができます。

●変位センサー

変位センサーは、対象物の物理的な変化を検知し、センサーと対象物との距離を計測します。計測方法として受光素子を用いて、三角測距を行うものがあります。

●加速度センサー

加速度センサーは、慣性の法則を利用しています。重りつきのバネの片側を固定した装置が加速を始めるとバネは伸縮し、重りは加速方向と逆に移動します。その移動距離から加速度データを得ることができます。

●ジャイロセンサー（角加速度センサー）

ジャイロセンサーは、物体の傾斜角や角速度を計測します。ジャイロセンサーにはモータで回転させるスピニング・ジャイロや光の干渉を利用する光学式ジャイロとスマートフォンに使用されている振動ジャイロ等があります。

●エリア・イメージセンサー

エリア・イメージセンサーは、平面上に並んだ受光素子から受光情報を順次出力し、写真データを転送します。素子の違いによって、CMOSセンサーとCCDセンサーがあります。

● GPS/IMES

GPS（Global Positioning System）は、GPS衛星の電波を受信して、位置情報を得ることができるシステムです。スマートフォンやカーナビゲーションなどに利用され、現在の位置を知ることができます。

IMES（Indoor MEssaging System）は、宇宙航空研究開発機構（JAXA）が考案した屋内測位技術のひとつになります。GPS衛星と同じ電波形式を用いた屋内GPS送信機（モジュール）を設置し、送信機からは時刻情報の代わりに送信機の「位置情報」を送信します。これにより、受信機側では屋外で行われる時差の計算を行わず、屋内GPS送信機の位置情報を受信機の位置としてそのまま受け取り、受信機の屋内外でのシームレスな利用を可能にしています。

【2】ネットワーク層（フィールドネットワーク、ゲートウェイ、広域ネットワーク）

ネットワーク層は、次の3つのプロセスで構成されます。

①センサーまたはセンサーデバイスからのセンサーデータをIoTデバイスまで中継するフィールドネットワーク
②そのセンサーデータをクラウドへ中継するIoTデバイスが中核となるゲートウェイ
③IoTデバイスとクラウド間のネットワークをつなぐ3G/LTEのキャリア網やインターネットなどの広域ネットワーク

では、各プロセスについて順を追って説明しましょう。

① フィールドネットワーク

フィールドネットワークには、センサーとIoTデバイスとを結ぶフィールドのネットワークと、ゲートウェイとIoTプラットフォームとを結ぶ広域ネットワークがあります。

フィールドネットワークは、センサーとIoTデバイスとを有線または無線で接続するネットワークです。有線では、RS232-C/422等のシリアル接続が主に利用されます。また無線では、ZigBee、Wi-Fi、Bluetooth、Wi-SUN等が環境や用途に合わせて利用されます。

主な有線および無線の種類と仕様について記載します。表3.1.2は、主要な無線ネットワークの規格・用途などを一覧にしたものです。

● ZigBee

センサーネットワークを主目的とする近距離無線通信規格のひとつです。転送速度が低速の代わりに、安価で消費電力が少なくて済みます。2002年に非営利団体であるZigBeeアライアンス（ZigBee Alliance）が設立され、センサーネットワークの普及及び標準化を進めています。物理的な仕様はIEEE 802.15.4として規格化されており、論理層以上の機器間の通信プロトコルについてはZigBeeアライアンス（ZigBee Alliance）が仕様の策定を行っています。

3.1　IoTシステムの基本アーキテクチャを理解しておこう

表3.1.2　主要な無線ネットワーク一覧

	Wi-Fi (無線LAN)	Z-WAVE	ZigBee (2.4GHz)	ZigBee (920MHz)	Bluetooth	Wi-SUN
無線規格	IEEE802.11/ a/b/g/n	ITU-T G.9959 （Gwnb）	IEEE802..15.4	IEEE802..15.4 (b)	IEEE802..15.1	IEEE802..15.4g
帯域	2.4GHz/5GHz	920MHz	2.4GHz	920MHz	2.4GHz	920MHz
通信距離	100m	30m	30～1Km	600～2.5Km	1～100m	～500m
最大通信速度	300Mbps （802.11n）	100Kbps	250Kbps	100Kbps	2.1Mbps	200Kbps
セキュリティ	WEP, WPA, WPA2	128bit AES	128bit AES	128bit AES	64/128bit AES	128bit AES
最大接続数	100台未満	最大232台	最大65,536台	最大65,536台	最大7台	最大1,000台
利用用途	家庭/オフィス/ 公衆無線LAN	家電	家電、センサー ネットワーク	家電、センサー ネットワーク	携帯電話・PCと周辺 機器との接続	スマートメータ、 HEMS

● Bluetooth（ブルートゥース）

　数mから数十m程度の距離の情報機器間で、電波を使い簡易な情報のやりとりを行うのに使用されています。IEEEでIEEE 802.15.1として標準化されています。2.4GHz帯を使用してPC（主にノートパソコン）等のマウス、キーボードをはじめ、携帯電話、PHS、スマートフォン、PDAでの文字情報や音声情報といった比較的低速度のデジタル情報の無線通信を行う用途に採用されています。

● Wi-SUN（ワイサン）

　Wi-SUNとはWireless Smart Utility Networkの略語で、最大1km弱程度の距離で相互通信を行う省電力無線通信規格になります。規格の標準化を主導してきたのは日本の情報通信研究機構（NICT：National Institute of Information and Communications Technology）で、Wi-SUNを利用した多数の実証実験を行っています。Wi-SUNの特徴は、用途にもよりますが、乾電池で10年間の駆動が可能という抜群の省電力性と雑音に強い通信品質を持ちながら、他の近距離無線規格が数mから数十m程度の通信可能距離なのに対し、1km弱程度の長距離通信が可能です。このような特徴を生かして、スマートメーターやHEMSへの適用が期待されています。

● Z -WAVE（ゼットウェイブ）

　Z-WAVEはデンマークの企業ZensysとZ-Waveアライアンスとが開発した相互運用性を持つ無線通信プロトコルです。ホームオートメーションやセンサーネットワークを対象とした低電力、長時間運用可能に設計されました。ヨーロッパを中心に世界中で急速に普及が進んでいる新しい無線通信規格です。Z-WAVE対応機器なら、異なるメーカーの製品間で相互通信が可能という広い拡張性が特色です。すでにZ-WAVEアライアンスに参画しているメーカーは世界で約160社あります。Z-WAVEが使用する周波数は、電波干渉を受けにくい920MHz帯域を使用し、メッシュ型の通信ネットワークを構築して、データをバケツリレー式に伝送します。

② ゲートウェイ

ゲートウェイは、センサーから収集されたデータをIoTプラットフォームへ送る、いわば仲介機能を担うデバイスです。一般的なIoTデバイスは、組込系のLinuxやWindow10等のOSを搭載しており、センサーとゲートウェイ間は有線または無線で接続されます。有線の場合はRS232Cのようなシリアル接続、無線の場合はZigBee、Bluetooth、Wi-Fi等で接続します。

ゲートウェイのIoTデバイスは、センサーから収集したデータをWi-Fiや有線LAN、あるいは3G、LTEといった携帯電話通信網等の広域ネットワークを通じてIoTプラットフォームへ送信します。

またIoTデバイスでは、センサーで収集したデータをIoTプラットフォームと授受できるように、データを加工、編集及びキューイング[1]します。これは、再送信の機能を持ったアプリケーションで実行されます。

この他アプリケーションではIoTプラットフォームへの送信ができない場合は、一定回数再送信を試行し、必要に応じセンサーから一定時間データが送られてこない場合にはセンサー異常が発生していることをIoTプラットフォームへ通知する機能を有するケースもあります（センサーに異常が発生してもそのステータスについては上位側に通知する機能がなかったり、あるいはセンサー側でその機能を実装することができないことがあるため）。

● IoTデバイスの例

IoTデバイスの一例として、Edison（Intel社）を紹介します。Edisonの大きさは切手サイズですが、高スペックのCPU、メモリ、さらにWi-FiとBluetoothが実装されています。表3.1.3に、Edisonのハードウェア仕様を示しておきます。

表3.1.3　Edisonのハードウェア仕様

項　目	仕　様
電源電圧	DC3.3 ～ 4.5V
サイズ	35.5×25.0×3.9mm
CPU	500MHz Intel Atom Sivermonot dual-core processor
メモリ	RAM 1GB DDR3 Flash 4GB eMMC
無　線	Wi-Fi（IEEE802.11a/b/g/n2.4GHz/5GHzデュアルバンド） Bluetooth4.0
外部インターフェース	• SDカードインターフェース×1 • USB2.0×1 OTG controller
シリアルインターフェース	UART×2（1 full flow control, 1 Rx/Tx） 12C×2 SPI×1（chip select×2） 12S×1

1　キューイング（Queueing）：送信するデータをいったん保管しておき、相手の処理の完了を待つことなく次の処理を行う方式。

3.1　IoTシステムの基本アーキテクチャを理解しておこう

図3.1.2 ボード装着例Edison Breakout Board

図3.1.3 センサーの例

温度センサー　　　　　　　　　湿度センサー　　　　　　　　　人感センサー

　また、EdisonにはOSとしてLinuxが搭載されており、高度な処理やアプリケーションの実装も可能です。Edisonにボードを装着することで、簡単に様々なセンサーを接続できます（図3.1.2、図3.1.3）。

③広域ネットワーク

　IoTシステム（フィールド層）での広域ネットワークとは、IoTデバイスとIoTプラットフォームをインターネットや3G、LTE等のモバイル通信網で接続するネットワークのことです。

　フィールドネットワークが1m以下の近距離から数百mまでの中距離のデバイス間通信でローカルに閉じられたネットワークであるのに対し、広域ネットワークはIoTデバイスからクラウドへの通信を担うため、離れた距離でグローバルに接続されたネットワークになります。

　IoTシステムにおける広域ネットワークの中心となるのが、3G、LTE等のモバイル通信網です。3G/LTEの特徴と仕様は次のとおりです。

- LTE[2]は、携帯電話通信規格のひとつで、現在主流の第3世代携帯通信規格（3G）を高速化させた規格。
- LTEの理論上の最高通信速度は、下りで100 Mbps以上、上りで50 Mbps以上。
- LTEには、接続や伝送も、以前の規格に対し、遅延を低減する技術が適用されている。

2　Long Term Evolution

3.1.2 ▶ プラットフォーム層の機能と役割

プラットフォーム層は、図3.1.1を見てもわかるように、クラウド上に収集層、蓄積・加工・統合層、分析・活用層により構成されます。では、このプラットフォーム層のデータの流れを大まかに追ってみましょう。

(1) フィールド層からのデータを受け取り、そのままリレーショナルデータベースやNoSQLへ格納する場合とリアルタイムに扱いやすい形にデータを加工する処理へ橋渡しする場合があります。
(2) 受け取ったデータを、クレンジング・整形してリレーショナルデータベースやNoSQLへ格納することにより、解析・分析ツールへの橋渡しをする場合と、そのまま機械学習、ディープラーニングへ橋渡しする場合があります。
(3) 機械学習、ディープラーニングなどにより、センサーデータの解析・分析を行う。

では、各層の機能と役割をもう少し詳しく見てみましょう。

【1】収集層

収集層には、センサーから収集したデータをIoTデバイスからフィールド層の広域ネットワークを介して送信されたデータを受信するためのインタフェース機能があり、受信したデータをキューイングします。そして、CEP（Complex Event Processing：複合イベント処理）やNoSQL等へ、そのキューイングしたデータを渡します。

収集層では多数のデバイスから大量のセンサーデータが送信されてくる可能性があるため、この大量のセンサーデータを確実でリアルタイムに処理することが求められます。また、CEPやNoSQL等の後工程へデータを確実に払い出す必要性があります。

【2】蓄積・加工・統合層（CEP・NoSQL）

このレイヤではまず、収集層でキューイングされたセンサーデータをNoSQLやリレーショナルデータベースへ蓄積します。CEPでは、センサーデータをクレンジング（不必要なデータの除去処理）し、整形（扱いデータへの変換）加工します。また、設定されたしきい値とセンサーデータの値を比較し、比較した結果により次工程へのアクションを選択します。

【3】分析・活用層（機械学習・ディープラーニング）
① 機械学習

機械学習は、人が学習するのと同じように、コンピュータに学習機能を持たせた人工知能のひとつです。図3.1.4の機械学習の処理フローで示したように、すでにあるデータに対してアルゴリ

3.1 IoTシステムの基本アーキテクチャを理解しておこう

ズムを用いて、規則性、ルール等を学習させることで、データに潜む特徴を表すモデルを自動的に構築します。新たなデータに対し、学習したモデルにもとづきコンピュータが自動で判断・処理を行うことができます。

図3.1.4　機械学習の処理フロー

②ディープラーニング

　人間の脳の仕組みを参考にした、人の考え方に近い人工知能のひとつです。ニューラルネットワーク[3]の構造上「入力層」と「出力層」の間にある「中間層」を増やすことにより、認識を繰り返し実行することにより、色、形状、質感等の複数の特徴を抽出し、より正確な識別ができます（図3.1.5）。

図3.1.5　ニューラルネットワークのイメージ

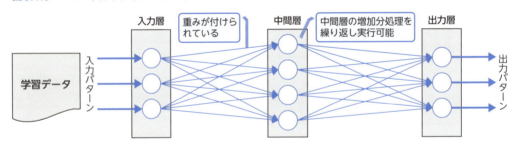

---

[3] ニューラルネットワーク：脳機能に見られるいくつかの特性をコンピュータ上で表現することを目指した数学モデル。

3.1.3 オペレーション層の機能と役割

このオペレーション層は、PCで言えばOSに相当します。図3.1.1に示したように、

- IoTシステム全体に対するセキュリティ管理
- デバイスへのソフトウェア配布やバージョン等の稼働監視・運用管理
- デバイス、ネットワーク、サーバーの認証

これらの機能と役割を司るレイヤです。

【1】 セキュリティ

セキュリティには、まず認証面では、次のような認証が必要になります。

- センサーデバイスやIoTデバイス等の機器の正当性を認証するデバイス認証
- フィールドネットワークや広域ネットワーク利用時に、利用者の正当性を確認するネットワーク認証
- 利用先のサーバーの正当性を確認するサーバー認証

ネットワーク認証やサーバー認証は通常のシステム利用と変わりがありませんが、IoTシステムにおいてはデバイス認証が重要です。人手を介さずにセンサーデータをクラウドへ自動的に送信するため、機器の正当性を担保する上では、予めデバイスの機器固有のIDをクラウド側へ登録した上で、デバイスの利用開始時に登録された機器かどうか確認を行い、登録されたデバイスのみがデータをクラウドへ送信することができるようにします。これにより不正にデータをクラウドへ送りつけ、誤った判断やシステム的な混乱等を防止します。

セキュリティには認証面の他にデバイスセキュリティとデータセキュリティ、ネットワーク、サーバーセキュリティがあります。ネットワークセキュリティとサーバーセキュリティについては通常のシステムと変わりませんが、IoTシステムにおいてはデバイス認証と同様にデバイスセキュリティとデータセキュリティは重要になります。

センサーデバイスやIoTデバイスで利用されている機器はパソコンで利用されている機器と比較し、CPUやメモリ、ディスクなどの性能が低くなります。また、IoTデバイスに利用されている機器はパソコンほど普及していないOS（オペレーティングシステム）を使用していることが多いため、一般に利用されているセキュリティ製品がほとんどないためはあまり利用されてきませんでした。それは、これまではセンサーやセンサーデバイスがローカルで閉じられた中で利用されるケースが多く、重要なデータの取り扱いも少なかったため、さほどセキュリティ面で大きな問題になることがなかったからです。

3.1　IoTシステムの基本アーキテクチャを理解しておこう　　041

しかし、IoTシステムとして利用するためにはネットワークを介してクラウドへ接続する必要が発生するため、コンピュータウィルスやDDoS攻撃、なりすまし、情報漏えい等のリスクが発生します。そのためユーザーID、パスワードによるデバイスへのアクセスにおけるセキュリティや、デバイス内のデータ暗号化によるデータセキュリティ、センサー及びセンサーデバイスとIoTデバイス間における通信の暗号化等のフィールドネットワークのセキュリティを考慮した上で、IoTシステムを構築、利用する必要があります。

【2】稼動監視・運用管理

　IoTシステムでは、多数のセンサーとセンサーデバイス、IoTデバイスが接続されます。そのため各センサーとセンサーデバイス、IoTデバイスについて、正常に稼働しているかをいかに人手をかけずに監視するかが重要となります。また、センサーデバイスとIoTデバイス内のソフトウェア及びアプリケーションの管理についても同様に重要なこととなります。

　基本的には、人手をかけずに自動でセンサーデータを収集しているので、センサーやデバイスが不具合や故障を起こしていても気がつかないため、

- クラウド上にあるオペレーション層に属する稼動管理・運用管理機能により自動で機器の稼動監視ないし生死監視
- 各デバイス内にあるソフトウェア、アプリケーションのバージョン管理及び配布管理

をする必要があります。

　また、センサーについては監視や管理するためのOSやソフトウェアがないことが多いため、その上位にあたるセンサーデバイスやIoTデバイスまたは生死監視機能へ、ある一定間隔または期間に対象となるセンサーからセンサーデータが上がってくる／こないを確認することにより、センサーが正常に稼動しているかどうかを監視します。

3.2 描いたストーリーを基本アーキテクチャに適用してみよう

　前節の説明で、IoTシステムへの理解がだいぶ深まってきたことでしょう。そこでここでは、2章で描いた具体的なIoTシステムのストーリーを図3.1.1の基本アーキテクチャに当てはめることにより、作り上げようとしているIoTシステムでは、どのセンサーやデバイスを利用して、どのネットワークを経由して、クラウド側のどの機能を介しながらデータが流れ、処理され、目的が実行されるのかを確認していくことにします。この節の作業イメージとしては、2.2節で描いたストーリーを図3.1.1に書き込んでいくことになります。

3.2.1 「鳥害対策IoTシステム」のケース

　図3.2.1は「鳥害対策IoTシステム」のストーリーを吹出しの形で基本アーキテクチャ構成図に書き込んだ図です。では、図を見ながら、各要素の機能とデータの流れを追いかけてみましょう。

図3.2.1　「鳥害対策IoTシステム」におけるデータの流れ

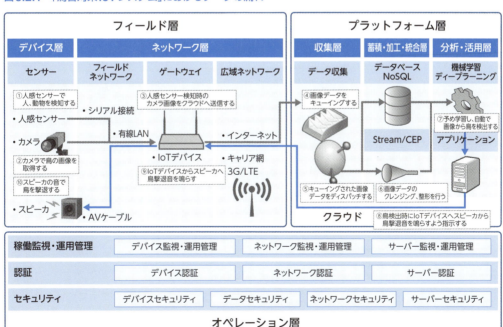

① 鳥が対象範囲に来たことを検知させるために設置した赤外線センサーで、検知した物体が発生した場合、センサーはZigBeeやWi-Fi、Bluetooth等のフィールドネットワークを経由してIoTデバイスへ通知します。
②〜③ IoTデバイスがそのタイミングのネットワークカメラ画像を有線LANでIoTデバイスを経て、インターネット経由で、クラウドへ送信します。
④ 送信された画像はプラットフォームの収集層でデータベースへ格納します。
⑤〜⑥ 格納と合わせて、リアルタイムでデータの整形化を行いながら、機械学習処理へ連携します。
⑦ 機械学習処理では予め過去データで学ばせた上で、今発生したデータを機械学習し、赤外線センサーで検知した物体が鳥かどうか判断し、鳥と判断した場合、ビジネスAPへ判断結果を通知します。
⑧ ビジネスAPをその結果をもとにインターネットを介して、スピーカで撃退音を発生処理する制御データをIoTデバイスへ送信します。
⑨〜⑩ IoTデバイスがスピーカから鳥撃退音を鳴らし、鳥を撃退する。

3.2.2 「野菜育成支援IoTシステム」のケース

図3.2.2は「野菜育成支援IoTシステム」のストーリーを吹出しの形で基本アーキテクチャ構成図に書き込んだ図です。では、図を見ながら、各要素の機能とデータの流れを追いかけてみましょう。

図3.2.2 「野菜育成支援IoTシステム」におけるデータの流れ

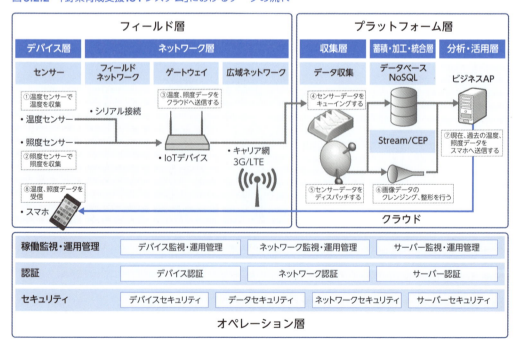

①～② 家庭菜園内に適切な場所に温度センサーと照度センサーを設置し、一定の間隔で温度センサーと照度センサーのデータをZigBeeやWi-Fi、Bluetooth等のフィールドネットワークを経由してIoTデバイスへ送信します。
③ IoTデバイスは、センサーデータを3GやLTE等のキャリア網を経由して、クラウドへ送信します。
④～⑦ 送信された温度センサー・照度センサーのデータは、ビジネスAPでスマートフォンで過去および当日の日照時間、最高、最低温度、現在の温度などが確認できるよう加工処理を行います。また、累積温度が収穫タイミングになった場合も、同様の処理を行います。そして、スマートフォンへ送信します。
⑧ スマートフォンが温度、照度を表示します。

3.2.3 「農家向け鳥獣被害対策IoTシステム」のケース

図3.2.3が「農家向け鳥獣被害対策IoTシステム」のストーリーを吹出しの形で基本アーキテクチャ構成図に書き込んだ図です。では、図を見ながら、各要素の機能とデータの流れを追いかけてみましょう。

①～② 動物が対象の範囲に来たことを検知させるため赤外線センサーで、検知した動物が発生した場合、センサーがZigBeeやWi-Fi、Bluetooth等のフィールドネットワークを経由して

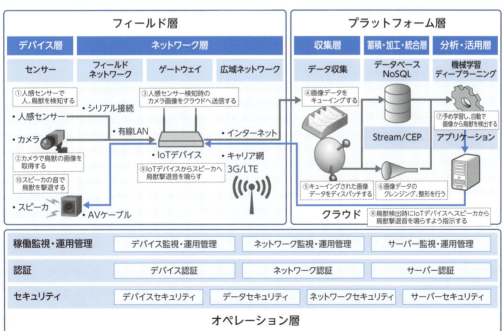

図3.2.3 「農家向け鳥獣被害対策IoTシステム」におけるデータの流れ

3.2 描いたストーリーを基本アーキテクチャに適用してみよう

IoTデバイスへ通知します。
③　IoTデバイスは、そのタイミングのネットワークカメラ画像を有線LANでIoTデバイスを経て、インターネット経由にてクラウドへ送信します。
④　送信された画像はプラットフォームの収集層でデータベースへの格納されます。
⑤〜⑥　格納と合わせて、リアルタイムでデータの整形化を行いながら、機械学習処理へ連携します。
⑦　機械学習処理では予め過去データで学ばせた上で、今発生したデータを機械学習に処理させ、赤外線センサーで検知した動物が鳥かイノシシ、鹿などの獣なのかどうか判断し、鳥や獣、ビジネスAPへ判断結果を通知します。
⑧　ビジネスAPは、その結果をもとにインターネットを介して、スピーカやライトで撃退するための制御データをIoTデバイスへ送信します。
⑨〜⑩　IoTデバイスがスピーカから鳥獣撃退音を鳴らし、鳥獣を撃退する。
⑧　スマートフォンが温度、照度を表示します。

3.2.4 「ホームセキュリティIoTシステム」のケース

図3.2.4は「ホームセキュリティIoTシステム」のストーリーを吹出しの形で基本アーキテクチャ構成図に書き込んだ図です。では、図を見ながら、各要素の機能とデータの流れを追いかけてみ

図3.2.4　「ホームセキュリティIoTシステム」におけるデータの流れ

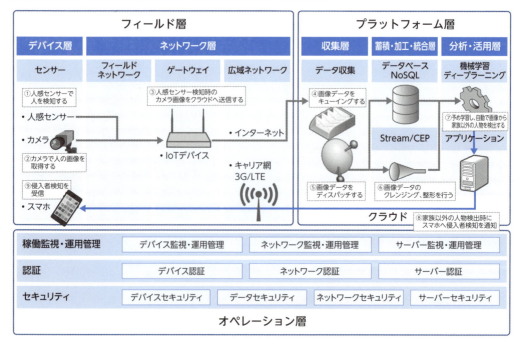

ましょう。

①〜② 窓やドア付近に設置した人感センサーが窓やドアの開閉、衝撃の発生を検知します。
③ 窓やドア付近に設置したネットワークカメラでその状況の画像を有線LANでIoTデバイスを経て、インターネット経由にてクラウドへ送信します。
④ 送信された画像はプラットフォームの収集層でデータベースへの格納されます。
⑤〜⑥ 格納と合わせて、リアルタイムでデータの整形化を行いながら、機械学習／ディープラーニング処理へ連携します。
⑦ 機械学習／ディープラーニング処理では、予め過去データで学ばせた上で、適宜発生したデータを学習させ、窓やドア付近に設置した窓やドアの開閉や衝撃に反応するセンサー検知が家族か家族以外かを判断し、家族以外と判断した場合は、ビジネスAPへ判断結果を通知します。
⑧〜⑨ ビジネスAPは、その結果をもとにキャリア網を介して、スマートフォンへ自宅内への侵入検知を通知します。

3.2.5 「お得意様認識IoTシステム」のケース

図3.2.5は「お得意様認識IoTシステム」のストーリーを吹出しの形で基本アーキテクチャ構成図に書き込んだ図です。では、図を見ながら、各要素の機能とデータの流れを追いかけてみましょう。

図3.2.5 「お得意様認識IoTシステム」におけるデータの流れ

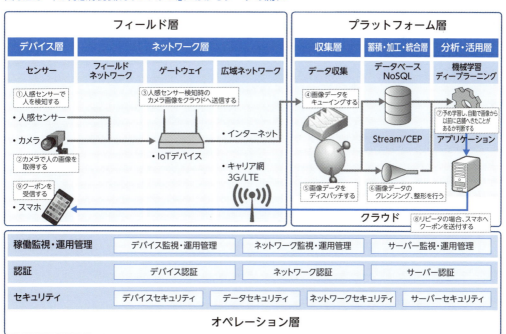

① 店舗に訪れた顧客が商品を購入するためレジに並んでいると、レジ前に設置した人感センサーが顧客を検知します。

② 同じくレジ付近に設置したネットワークカメラで、並んでいる人の画像を取得します。

③ 取得した画像を、有線LANでIoTデバイスを経て、インターネット経由にてクラウドへ送信します。

④ 送信された画像はプラットフォームの収集層でデータベースへ格納されます。

⑤ 格納と合わせて、リアルタイムでデータの整形化を行いながら、機械学習／ディープラーニング処理へ連携します。

⑥〜⑦ 機械学習／ディープラーニング処理では、予め過去データで学ばせた上で、適宜発生したデータを学習させ、レジ前に並んでいる顧客が以前にも店舗に訪れたことがあるかどうかを解析します。

⑧〜⑨ 過去に店舗へ訪れたことがあると認識した場合は、リピーターと判断し、レジでの会計時にクーポンや割引サービスを提供します。

IoTシステムコンポーネントの実現方法

　本書は「鳥害対策IoTシステム」を実際に完成させることを目標にしています。このアプリケーションは、屋外に人感センサーを設置し、動くものを感知すると屋内からカメラで撮影しクラウドへ送ります。クラウド上では撮影画像を機械学習で分析し、害鳥と認識されれば管理者に通知します。また、IoTシステムにはセキュリティ対策等、システムの管理・運用面でのコンポーネントが必要となります。

　この第Ⅱ部では、各コンポーネントのハードウェア部品、モジュールの接続方法、そしてソフトウェアのインストール、プログラムなどの実装方法について具体的かつ詳細に解説します。

4章　フィールド層の実装

5章　プラットフォーム層の実装

6章　オペレーション層の実装

フィールド層の実装

　この章では、第2章でも説明した「鳥害対策IoTシステム」を構成する要素のうち、センサーやゲートウェイなどから構成されるフィールド層のアプリケーションを作成します。屋外に人感センサーを設置し、動くものを感知するとカメラで撮影し、画像データをクラウドへ送る処理の実装方法について具体的に解説します。

4.1 　フィールド層の全体構成
4.2 　人感センサーとArudino UNOの接続
4.3 　Bluetooth LEによる通信
4.4 　IoTゲートウェイの設定
4.5 　クラウドの設定と利用法

4.1 フィールド層の全体構成

　IoTシステムの設計構築には従来のITシステム構築よりも幅広い知識が求められます。本章の目標は、これまで電子回路やプログラム開発とは異なる領域を担当されてきたITエンジニアの方々でも理解できる簡易な鳥害対策システムの実装を通じて、センサーと電子回路、フィールドネットワーク（Bluetooth）、組込みソフトウェア、IoTデータ送受信ソフトウェアなど、多岐にわたるIoT実装の感覚を掴んでいただくことです。

　図4.1.1は、作成するフィールド層のIoTアプリケーションの構成図です。この図を使って、フィールド層で使用するモジュールや部品要素の役割と機能を簡単に説明しておきましょう。

　なお、ここに登場するハードウェア、部品、モジュール、ボートコンピュータ、通信規格、OS、ソフトウェアなどについては、次節以降で解説します。

図4.1.1　IoTアプリケーション構成（フィールド層）

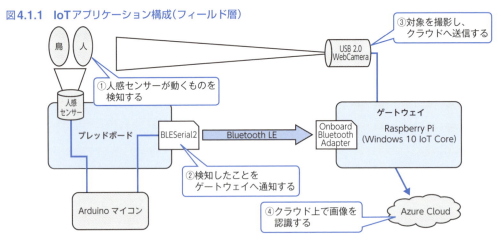

① 人や動物を検知する人感センサーには、出力がデジタル化されていて扱いやすいパナソニック社のNapionシリーズを使用します。この人感センサーは「熱を持っていて（赤外線を発していて）動いているもの」を検知すると信号を送信します。

② この人感センサーからの信号をマイコンボードのArduino（アルドゥイーノ）で受信し、簡単な処理をした上で、近距離無線通信用の規格を利用したBluetooth LE（Low Energy）（ブルートゥース）モジュールのBLESerial2を使ってゲートウェイに送信します。

③ Bluetooth LEからの信号を受信したゲートウェイは、USBカメラで対象を撮影し、画像をマイクロソフトのクラウド基盤であるAzure（アジュール）に送信します。このゲートウェイはWindows 10 IoT CoreをインストールしたRaspberry Pi（ラズベリーパイ）3で構成します。

4.2 人感センサーとArudino UNOの接続

4.2.1 ハードウェア選定と開発環境構築の注意点

●使用するハードウェア部品

フィールド層の実装に必要なハードウェア部品は、数が若干多いので表4.2.1にまとめました。

表4.2.1　フィールド層の実装に必要なハードウェア・部品

部品名	備　考
Napion 人感センサー	人や鳥の検出
Arduino UNO	センサーデータの処理と送信
BLESerial2	Bluetooth LE 送信用
ブレッドボード	センサー／ BLESerial2 ／ Arduino 接続用
ジャンパ線	ブレッドボード/Arduino 配線用、オス-オス、オス-メスが異なる色の配線を準備するのがオススメです。
ジャンパピン	BLESerial2 とブレッドボードの接続用
抵抗（カーボン）	100kΩ、1.5kΩ、1kΩ
Raspberry Pi 3	IoT ゲートウェイ
2A USB アダプタ	Raspberry Pi 用に2A程度のUSBアダプタとA-MicroB USBケーブルを準備してください。1A では動作が不安定になります。
Windows 10 PC	開発用PC（VisualStudio）
USB カメラ	IoT ゲートウェイでの撮影用。QVGAがサポートされていること。

USBカメラは、正式にはマイクロソフトもしくはロジテック（ロジクール）社製の一部しかサポートされていませんが、こちらもサポート外のiBUFFALOのBSW20K04Hシリーズを使用しています。

Azureクラウドとの接続は、Raspberry Piの有線LANポートにインターネット回線を接続して行います。回線は一般的なNAT対応の家庭用ルータで問題ありません。有線LAN環境がない場合は、Raspberry Pi 3のオンボードWi-Fiも利用できます。

なお、上に挙げた製品は筆者の環境では動作していますが、サポート対象外の製品ですので、同様の製品を利用する場合は自己責任でお願いします。正式なサポートハードウェアの詳細は下記サイトを参照してください。

https://developer.microsoft.com/ja-jp/windows/iot/docs/hardwarecompatlist

● 使用するソフトウェア

　Windows 10をインストールしたPCが必要になります。表4.2.2がフィールド層で使用するソフトウェアです。

表4.2.2　フィールド層の実装に必要なソフトウェア

部品名	備考
Visual Studio 2015	Community版(無償ダウンロード) / Professional版
Windows 10	
Arduino IDE	無償ダウンロード

4.2.2　人感センサーとArduino UNOの接続

　それでは早速実装していきましょう。初めに人感センサーと抵抗をブレッドボードに差し込んで配線しArduinoに接続します。

　ブレッドボードは、図4.2.2のような電子工作に用いる試作用ボードで、抵抗やトランジスタなどの電子部品を差し込むために多数のソケット（穴）が配置されています。図の吹出し説明でわかるように（図では構造がわかるように半透明の青線でつないであります）、ソケットがボードの内部であらかじめ接続されているので、電子部品を仮置きして試作する際に配線を最小限にできるという仕組みです。

　人感センサーNapionの裏側は図4.2.3のようになっており、角度を合わせれば直接ブレッドボードに差し込める構造になっています。この図を参考にして、ブレッドボードに人感センサーNapionの足を慎重に差し込んでみてください。なお、ブレッドボードのH4位置にNapionのOUTピンを、G5に電源VDDピンを、G3にGNDピンを差し込んでいます。

図4.2.2　ブレッドボードの構造

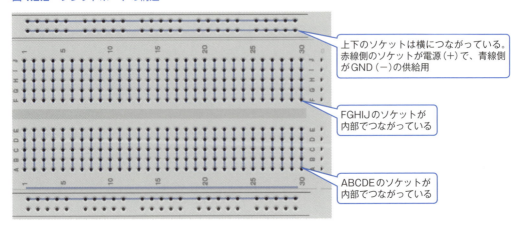

図4.2.3　Napion人感センサーコネクタとブレッドボードへの差し込み位置

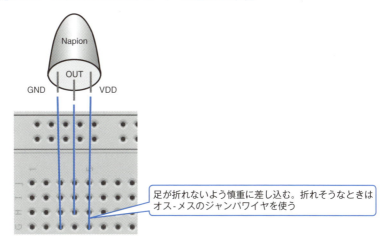

足が折れないよう慎重に差し込む。折れそうなときはオス-メスのジャンパワイヤを使う

　Napionをブレッドボードに差し込んだら、NapionのVDDとGNDピンをブレッドボード上部の+/-ソケットと接続します（図4.2.4の配線①②）。この配線にはジャンパー線(オス-オス)を使用するのがよいでしょう。なお、Napionを直接ブレッドボードに挿さずにオス-メスのジャンパワイヤを使用しても構いません。

　次にNapionのOUTピンをArduinoのデジタル2番ピンに接続します（図4.2.4の配線③）。Arudino側はプリント基板上に"Digital"と印刷されているソケットの2番にジャンパワイヤを差し込みます。

図4.2.4　人感センサーをブレッドボードへ配置

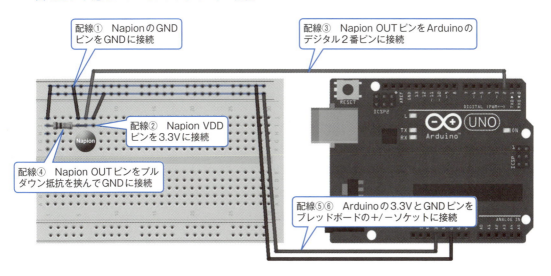

配線①　NapionのGNDピンをGNDに接続

配線③　Napion OUTピンをArduinoのデジタル2番ピンに接続

配線②　Napion VDDピンを3.3Vに接続

配線④　Napion OUTピンをプルダウン抵抗を挟んでGNDに接続

配線⑤⑥　Arduinoの3.3VとGNDピンをブレッドボードの+/-ソケットに接続

さらにNapionのOUTピンからの出力を途中で分岐するように抵抗（100kΩ）を挟んでブレッドボードのGNDに接続します（図4.2.4の配線④）。これはプルダウンと呼ばれる回路で、NapionのOUTピンから出力がない場合に、デジタル2番ピンの入力信号を0Vに安定させる効果があります。

　電源を接続する前に、もう一度全体の配線を確認した上で、Arduinoの3.3V、GND端子をブレッドボードと接続して電源を供給します（図4.2.4の配線⑤⑥）。これで人感センサーの接続は完了です。

4.2.3　Arduino UNOの開発環境を準備する

　次に人感センサーが反応するとLEDが点灯するようにArudinoをプログラムしましょう。この後の作業でも必須になるため、Windows10をインストールしたPCを使用します。

　初めにArduinoの開発環境であるArduino IDEを準備します。下記の公式ダウンロードサイトからArduino IDEをダウンロードし、インストールしてください。

https://www.arduino.cc/en/Main/Software

　デフォルト設定でインストールすれば、ArudinoをUSBで接続した際に必要になるシリアルドライバも一緒にインストールされます。

　次にArduinoとPCをUSB接続してドライバーを認識させた後、デスクトップに作成されたショートカットからArduino IDEを起動し、ツールメニューからArduinoのタイプとポート（COMポート）を指定してください（図 4.2.5）。

図4.2.5　Arduino IDE初期設定

図4.2.6　Windowsファイアウォールの警告

図4.2.7　Arduinoと通信できない場合

エラーが表示されたら、まずCOMポートを確認

　Arduino IDEの起動時にWindowsファイアウォールの警告が出ることがあります。その場合は図4.2.6のようにアクセスを許可するか、コントロールパネルからWindowsファイアウォールを無効化してください。ただし、Arduino IDEの利用が終ったら、ただちに戻しましょう。

　また、COMポートの指定が間違っていると、マイコンボードへの書き込み時に図4.2.7のようなエラーが発生します。その場合は、正しいCOMポートを指定してします。COMポートが不明な場合は、図4.2.8のようにコントロールパネルの「接続中のデバイス」で確認できます。

図4.2.8 Arduino COMポートの確認

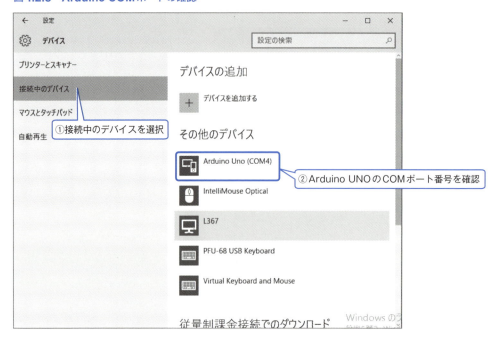

これで、Arduino開発環境のセットアップは完了です。

4.2.4 Arduinoのオンボード LEDを点滅させる

開発環境の動作確認のためにArduino基板上のオンボードのLEDを点滅させてみましょう。Arduino基板上にLとプリントされている小さなLEDです。このLEDは内部でデジタル13番ピンと接続されているので、プログラムからデジタル13番ピンに信号を出力すれば点灯します。

コード4.2.1がArduinoのLEDを点滅させるプログラムのソースコードです。Arduino IDEを起動すると自動で日付入りのコードが作成されます（Arduino IDEではスケッチと呼びます）。スケッチにはプログラム起動時に一度実行されるsetup関数と、繰り返しループ実行されるloop関数が準備されています。簡単な処理であれば、この2つの関数に必要なコードを書き込むだけで動作します。

では簡単に、コード4.2.1を説明しておきましょう。

① 初めにpinMode関数でデジタル13番ピンをOUTPUTモードに設定しています。pinMode関数は引数に（ピン番号、信号モード）を指定します。ここではピン番号にLED_BUILTIN定数を指定しています。Arduinoには派生機種がいくつかあり、機種によってはデジタル13番ピン以外にLEDが接続されていることがあるためです。Arduinoの定義済み定数については下記URLを参考にしてください。

 https://www.arduino.cc/en/Reference/Constants

コード4.2.1　Arduinoのオンボード LED を点滅させるソースコード

```
1  void setup() {
2      pinMode(LED_BUILTIN, OUTPUT);       ①ピンのモードを信号出力に設定
3  }
4
5  void loop() {
6      digitalWrite(LED_BUILTIN, HIGH);    ②信号出力をHIGHにするとLED点灯
7      delay (100);
8      digitalWrite(LED_BUILTIN, LOW);     ③信号出力をLOWにするとLED消灯
9      delay (100);
10 }
```

　pinMode関数のもう一つの引数（信号モード）には、信号入力のINPUT、信号出力のOUTPUT、信号入力時に必要な電子回路をシンプルに構成するためのINPUT_PULLUPがあります。初期状態ではINPUTに設定されているので、LEDを点灯させるために信号モードをOUTPUTに指定しています。

②次に6行目と8行目のdigitalWrite関数でデジタル13番ピン（LED_BUILTIN）に信号を出力しています。digitalWrite関数は引数に（端子番号、HIGH/LOW）を指定します。HIGH/LOWはArduinoで標準定義されている定数で、digitalWrite関数にHIGHを指定すると指定された端子に5Vを出力し、LOWは0V（GND）になります（③）。

　なお、今回は保護抵抗が挿入されているオンボードのLEDを利用するため考慮していませんが、Arduinoのデジタル端子と外部のLEDを接続する場合は、必ずLEDの手前に保護抵抗を入れてください。保護抵抗がない場合、Arduinoや部品が壊れる可能性があります。最新リビジョンのArduino UNOではデジタル13番ピンにも保護抵抗が入っていないので注意が必要です。

　Arduino IDEにコードを入力し、ツールバーの右矢印アイコンをクリックするとプログラムのコンパイルとArduinoへのアップロードが行われます。図4.2.9のように、ステータスバーに「マイコンボードへの書き込みが完了しました。」と表示されて、Arduino上のLEDが点滅します。

図4.2.9　Arduinoへのプログラムの書き込み

4.2.5　Arduinoへのプログラム書き込み時にエラーが出る場合

　Arduinoへのプログラム書き込み時に図4.2.10のようなエラーが出る（完了のメッセージがステータスバーに出ない）場合には、ArduinoからBLESerial2へ接続しているTX/RXピンを一旦抜いてから書き込みを行ってください。それでもエラーが出る場合は、3.3VとGNDの配線も一旦抜いてArduinoのリセットボタンを押してから再書き込みを行ってください。

図4.2.10　Arduinoへの書き込みエラー

4.2.6　人感センサーの信号に応じてArduinoのオンボードLEDを点滅させる

　次に人感センサーの信号に応じてLEDが点滅するように、先ほどのコード4.2.1を変更しましょう。人感センサーのOUT端子はArduinoのデジタル2番ピンにつながっていますので、その信号を読み取ってデジタル13番ピン（LED_BUILTIN）に出力します。変更したコードがコード4.2.2です。

　このコードの8行目に、人感センサーからの信号の状態を読み取るためのdigitalRead関数を追加しています。この関数は引数にデジタルピン番号を渡すと、そのピンの状態（HIGHもしくはLOW）を返します。引数で指定したデジタルピンに3V以上の電圧が掛かっていると戻り値がHIGHに、2V以下の場合はLOWになります。

　人感センサー Napionは物体を感知するとOUT端子に3.3Vを出力します。digitalRead関数の戻り値がHIGHであれば、物体を検知したことを知らせるためにLEDを点灯させます。

　このように、digitalRead関数とdigitalWrite関数ではHIGH/LOWの意味が若干異なりますが、基本的にはHIGHは信号オン、LOWは信号オフと考えて構いません。

　これで人感センサーとArduinoの接続部分は完成です。

コード4.2.2　人感センサー信号を検知してLEDを光らせるコード

```
1   const int SENSOR_PIN = 2;
2
3   void setup() {
4       pinMode(LED_BUILTIN, OUTPUT);
5   }
6
7   void loop() {
8       if (digitalRead(SENSOR_PIN) == HIGH)
9       {
10          digitalWrite(LED_BUILTIN, HIGH);
11      } else {
12          digitalWrite(LED_BUILTIN, LOW);
13      }
14      delay (100);
15  }
```

> Napionがつながるデジタル2番ピンの信号を読み取り、HIGHであれば点灯。LOWであれば消灯する

4.2　人感センサーとArudino UNOの接続　　061

4.3 Bluetooth LEによる通信

4.3.1 Arduino開発ボードの接続

次にArduinoとシリアル通信モジュールBLESerial2[1]を接続して、センサー情報をBLE（Bluetooth Low Energy）で送信する側の部分を実装しましょう。

まずは、BLESerial2をブレッドボードに差し込めるよう図4.3.1のようにヘッダピンをハンダ付けします。ヘッダピンは下の図のように数珠つなぎになっているので、任意の箇所で折り取って（①）からハンダ付けします（②）。

図4.3.1　BLE Serial2へのヘッダピンのハンダ付け

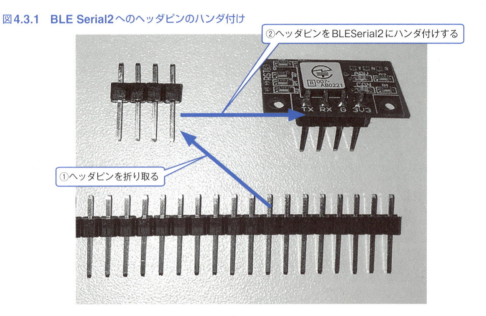

ハンダ付けしたBLESerial2をブレッドボードに差し込んで配線します。BLESerial2には図4.3.2のようにTX、RX、GND、3.3Vの端子があります。3.3V端子とGNDはブレッドボードの＋/－ソケットに接続します（配線①、②）。RX端子はArduinoのデジタル0番ピンに接続します（配線③）。TX端子は配線④にある1.5k抵抗のプルダウン回路と1k抵抗の降圧回路を挟んだ上で、ArduinoのD1（シリアルTX）端子に接続します。

---

[1] 本書執筆以降に、BLESerial3が発売されました。SSIDが変更できるなど機能が充実しています。本章で説明している物理的な接続方法はBLESerial2から変更はないようです。

図4.3.2 BLESerial2ボードとArduinoの接続（Napion回路は省略）

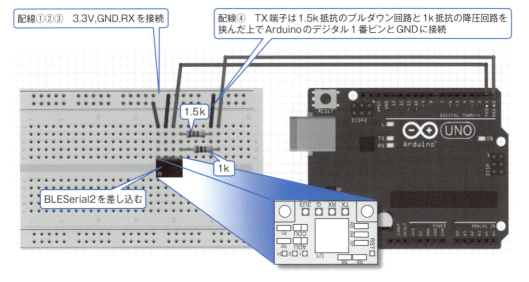

4.3.2 Bluetooth LEのプロトコル概要

　BluetoothLE部分を実装する前に、簡単にプロトコルを理解しておきましょう。Bluetoothは、2.4Ghz帯を利用した近接無線通信規格で、その中でもBluetoot Low Energy（Bluetooth LEまたはBLE）は省電力性を重視した規格です。

　Bluetooth LEはクライアント／サーバー型で通信を行います。データを保持しているサーバー側のデバイスをPeripheral（周辺）、データを読み出して利用するクライアント側をCentral（中央）と呼びます。今回のコンポーネント構成では、BLESerial2がPeripheral、ゲートウェイ側がCentralになりますす（図4.3.3）。

図4.3.3 Bluetooth PeripheralとCentralの関係

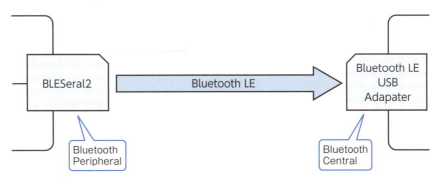

4.3　Bluetooth LEによる通信　063

実装において重要なのがBluetoothプロファイルです。Bluetoothでは音楽やファイル転送など用途に応じて様々な通信規格（Bluetoothプロファイル）が規定されており、Bluetooth LEではGATT（Generic Attribute Profile）プロファイルを利用してデータを送受信します。

　GATTプロファイルは図4.3.4のようなデータ構造になっています。BLESerial2では、デバイス（BLESerial2）に1つのサービス（Virtual Serial Port）が定義されており、2つのキャラクタリスティックス（Write without ResponseとNotify）が定義されています。このキャラクタリスティックスは変数のようなものだと理解してください。今回はNotifyキャラクタリスティックを利用して人感センサーの値をPeripheralからCentralに通知します。

図4.3.4　GATTプロファイルのデータ構造

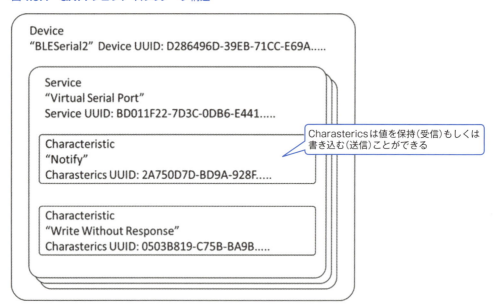

　今回の実装では、送信するデータサイズが小さいので意識する必要はありませんが、BLEプロトコルでは一度に送受信できるデータサイズが標準で20バイト程度と限られており、BLESerial2モジュールでは15バイト以内と規定されています。また、プロトコルの特性上、20バイト以上の複数のデータを送信する場合には20ミリ秒以上の間隔を空けて送信する必要があります[2]。

---

[2]　一部の機器ではGATTのLong Characteristics等を利用することで20バイト以上のデータを分割して送信することができます。またBT4.2では、一度に送信できるパケットサイズ自体の拡張が規定されています。

4.3.3 ▶ 人感センサーからの信号をBluetooth LEで送信する

それでは、人感センサーの信号をBluetooth LEで送信する部分を実装しましょう。BLESerial2がBluetooth LEの試作用ボードとして優れているのは、GATTプロファイルなど敷居の高いデバイス側ファームウェアを実装しなくても、シリアル通信を実装するだけでGATTプロファイルに変換してBluetoothLEでデータの送受信を行ってくれる点です。

4.3.1項でArduinoとBLESerial2のシリアル通信端子（TX/RX端子）は接続済みですから、Arduinoのプログラム側でLEDに出力していた信号の出力端子をシリアル端子に変更するだけで、GATTプロファイルを意識することなくBluetooth LE通信を実装できます。その実装がコード4.3.1です。

コード4.3.1　人感センサー信号をBLESerial2に送信する

```
1    const int SENSOR_PIN = 2;
2    const int SERIAL_SPEED = 9600;         ← シリアル通信速度を9600bpsに設定
3
4    void setup() {
5        Serial.begin(SERIAL_SPEED);
6    }
7
8    void loop() {
9        if (digitalRead(SENSOR_PIN) == HIGH) {
10           Serial.write(1);
11       } else {                           ← Serial.writeで0もしくは1の値を送信
12           Serial.write(0);
13       }
14       delay (500);
15   }
```

このコード4.3.1では、5行目でシリアルポートを初期化するSerial.begin関数を追加しています。このSerial.begin関数は引数に（シリアル通信速度，シリアル通信設定）を指定します。第2引数を省略した場合は、デフォルトで8ビット、ノンパリ、ストップ1ビット（SERIAL_8N1）が指定されます。

また、10/12行目でloop関数にSerial.write関数を追加しています。この関数は引数に送信データを指定します。ここでは、センサーからの信号入力がHIGHであればシリアルポートにバイナリデータ0x01を送信、そうでなければ0x00を送信しています。

ここまで実装して気づいた方もいると思いますが、人感センサーは検出（信号出力）の開始時と終了時（立ち上がりと立ち下がり）にHIGH/LOWを繰り返すことがあります。この問題を回避するため、コード4.3.1にローパスフィルタを組み込んだのがコード4.3.2です。

4.3　Bluetooth LEによる通信　　065

コード4.3.2　人感センサー信号にローパスフィルタ処理を行う

```
1    const int SENSOR_PIN = 2;
2    const int SERIAL_SPEED = 9600;
3    float pinStatusLp = 0.0;
4
5    void setup() {
6        Serial.begin(SERIAL_SPEED);
7    }
8
9    void loop() {
10       int pinStatus = digitalRead(SENSOR_PIN);
11       pinStatusLp = pinStatusLp * 0.8 + pinStatus * 0.2;
12       if (pinStatusLp > 0.5) {
13           Serial.write(1);
14       } else {
15           Serial.write(0);
16       }
17       delay (500);
18   }
```

> pinStatusLp が加重平均処理の結果を保持

　このコード4.3.2では、11行目でローパスフィルタ処理を行っています。センサーから得られた信号を加重平均することで、高周波成分（HIGH/LOWの細かい繰り返し）を除去しています。

4.3.4 ▶ Bluetooth LEでデータが送信されているかテストする

　実装したBluetooth LEアプリケーションのテストには、iPhone用アプリケーションのLightBlue Explorerを利用します。このアプリケーションは無償で、かつBluetooth LEデバイスの発見・ペアリング・接続状態・データの確認等が一通り行えますのでお薦めです[3]。

　では、BLE Serial2からの信号をLightBlueで受信してみましょう。iPhone上でLightBlueを起動するとデバイス一覧画面（Peripherals Nearby）が表示されます。デバイス一覧画面からBLESerial2デバイスを選択するとサービス一覧画面（Peripheral）が表示されるので、Properties: Notify UUID: 2A750D7D-BD9A-928F-B744-7D5A70CEF1F9とあるキャラクタリスティックを選択します。選択するとキャラクタリスティック画面（NOTIFIED VALUES）が表示されるので、青文字のListen for Notificationsリンクをタップすると、BLESerial2から送信されているNotifyの値が表示されます（図4.3.5の①②）。定期的に人感センサーの値を受信できれば動作確認は完了です。ここまでの作業でセンサー情報の送信側が完成しました。

3　2017年3月現在、LightBlue Explorer は App Store から入手可能です。なお、筆者の手元に環境がないため未確認ですが、Android でも "Bluetooth LE Scanner" などのアプリケーションが利用できるようです。

図4.3.5　センサーデバイスからの出力値

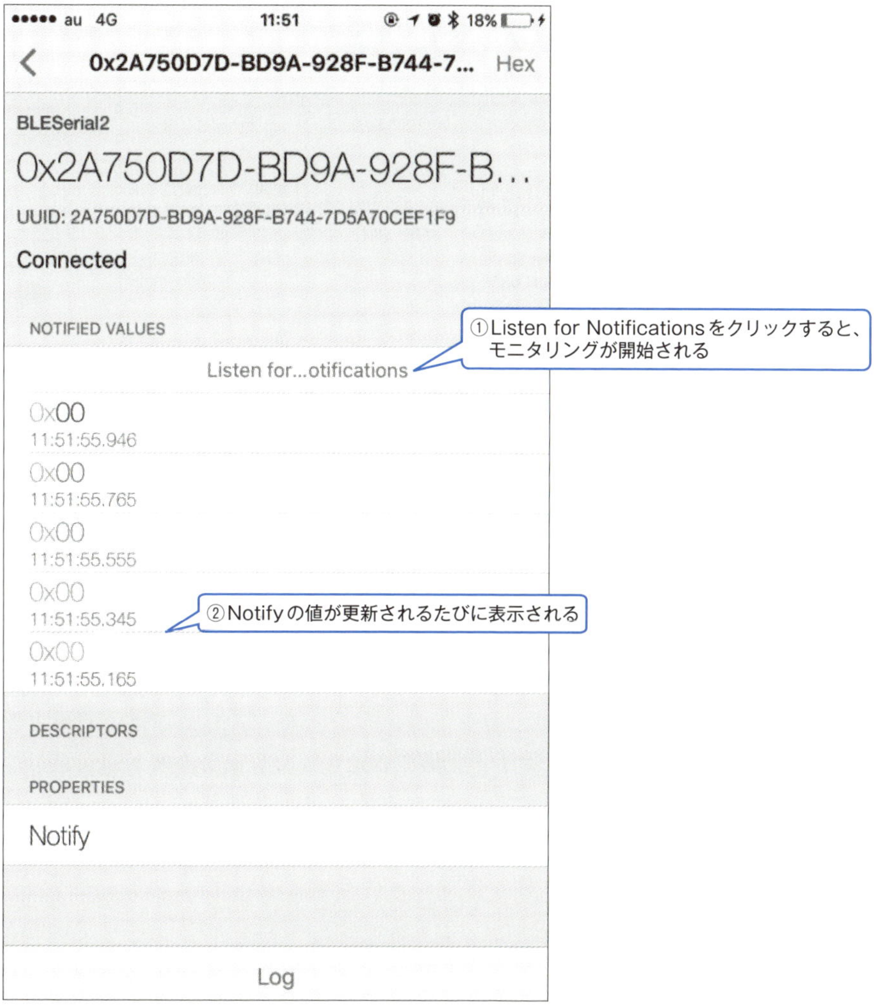

①Listen for Notificationsをクリックすると、モニタリングが開始される

②Notifyの値が更新されるたびに表示される

4.3　Bluetooth LEによる通信　　067

4.4 IoTゲートウェイの設定

4.4.1 IoTゲートウェイのインストール

次に、センサー情報を受信してカメラ撮影を行うためのIoTゲートウェイを準備しましょう。今回はシングルボードコンピュータRaspberry Pi 3にWindows 10 IoT Coreをインストールしたものを利用します。

最初に、下記URLのMicrosoftデベロッパーセンターのサイトから、Windows10 IoT Core Dashboardをダウンロードしてください（図4.4.1）。Insider Previewではありませんので注意してください。

https://developer.microsoft.com/ja-jp/windows/iot/Docs/GetStarted/rpi3/sdcard/stable/GetStartedStep1.htm

図4.4.1　Windows 10 IoT Coreのダウンロードサイト

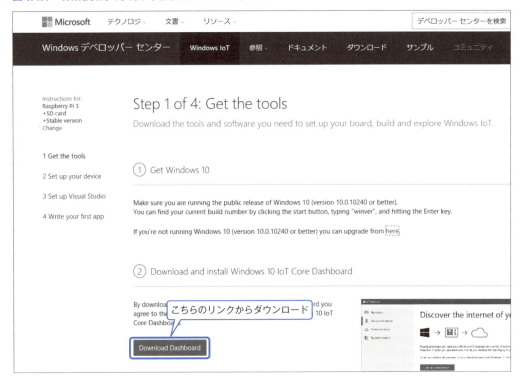

Windows10 PCでダウンロードしたインストーラーを実行すると、IoT Dashboardがセットアップされます。Raspberry Pi用のSDカードをPCに接続した上で、IoT Dashboardを起動してください。

　起動すると図4.4.2の画面が現れますので「新しいデバイスのセットアップ」を選択して、デバイスの種類にRaspberry Pi 2&3が選択されていることを確認してから必要な情報を入力します。最後にダウンロードとインストールを選択すればSDカードにWindows IoT Coreがセットアップされます。

図4.4.2　Windows IoT Core 書き込みツール

　書き込みが終わったらRaspberry PiにMicro SDカードを差し込んで、電源（Micro USB給電）、HDMIモニタ、ネットワークを接続して起動してください。電源には2A程度が供給できるUSBハブもしくはアダプタを使用してください。筆者の環境では1Aのアダプタでは起動が不安定になることがありました。

　起動が終わると、ホーム画面（図4.4.3）にDHCPで割り当てられたIPアドレスが表示されるので、PCからhttp://IPアドレス:8080で管理画面にログインしてください。アカウント名はAdministrator、パスワードは先ほどのIoT Dashboardで設定したものを指定してください。

図4.4.3 Windows 10 IoT Coreの起動画面

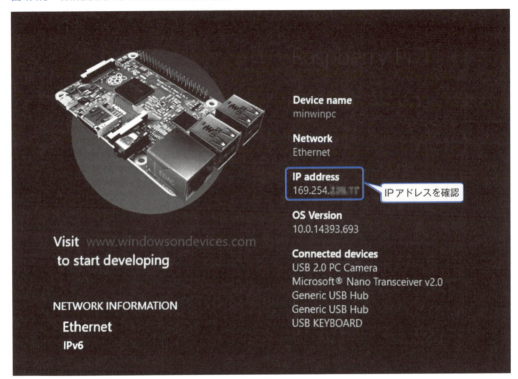

4.4.2 Windows 10 IoT CoreでのBluetoothペアリング設定

　管理画面にログインしたら、左のメニューから"Bluetooth"を選択してください。Available Devicesの中にBLESerial2が表示されるので、図4.4.4のように、左のPairリンクをクリック（①）してください。BLESerial2がPaired Devicesに表示（②）されれば、Bluetoothの設定は完了です。
　BLESerial2がどうしても一覧に出てこない場合は、下記手順でゲートウェイとBLESerial2をリセットしてみてください。
（1）BLESerial2のボードをブレッドボードから抜いて差し直す。これによりBLESerial2がリセットされる。
（2）Raspberry Piの電源を入れ直す。

図4.4.4　IoT Core Bluetoothの管理画面

4.4.3　Visual Studio開発環境の準備

次に開発環境を準備します。下記サイトでVisual Studio 2015の無償版（Community 2015）がダウンロードできるので、それをインストールします[4]。

https://www.visualstudio.com/ja/vs/

IoT CoreはユニバーサルWindowsアプリをサポートしていますので、Visual Studioのインストール時にオプションで「カスタム」を選択し、図4.4.5のようにユニバーサルWindowsアプリ開発ツールを追加してください。

インストールが終わったらVisual Studioを起動して、メニューバーから

「ファイル」→「新規作成」→「プロジェクト」

を開きます（図4.4.6）。新規プロジェクト作成ダイアログが開いたら、左のメニューから

「インストール済み」→「テンプレート」→「Visual C#」→「Windows」→「ユニバーサル」

を選択し、「空白のアプリ（ユニバーサル Windows）」を選択してください[5]。

---

[4] 本書執筆以降に Visual Studio 2017がリリースされました。本書はVisual Studio 2015環境で記載しており一部に違いが存在します。Visaul Studio 2015はMSDNサブスクリプションもしくは下記URLから入手してください。
　　https://www.microsoft.com/ja-jp/download/details.aspx?id=48146
[5] 新規プロジェクト作成時に開発者モードを有効にするよう促されることがあります。この場合は、ウィンドウズのコントロールパネルから開発者モードを有効にしてください。

図4.4.5　Visual Studio インストールオプション

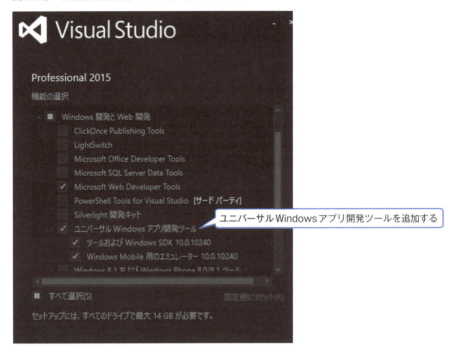

図4.4.6　Visual Studio新規プロジェクト作成画面

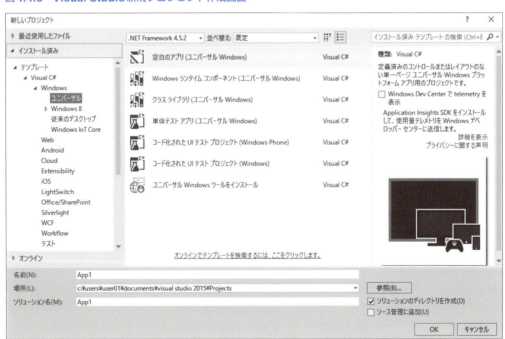

プロジェクトの名前、場所等を入力したらOKボタンをクリックしてプロジェクトを作成してください。.NET Framework は4.5.x以降を選択してください。

動作確認のために、今作成した空白のアプリをRaspberry Piで実行してみましょう。図4.4.7のように、Visual Studioのツールバーから CPU アーキテクチャを ARM に設定して（①）、Deviceボタンの右にある小さな矢印をクリックしてプルダウンメニューを開き、リモートコンピューターを選択します（②）。

図4.4.7　CPUアーキテクチャとリモートコンピューターの設定

リモートコンピューターを選択すると、図4.4.8のリモート接続ダイアログが開きます。アドレスにRaspberry PiのIPアドレスを入力し（①）、認証モードは"なし"にして選択ボタンをクリックします（②）。Deviceボタンの表示がリモートコンピューターに変わります。

図4.4.8　リモート接続ダイアログ

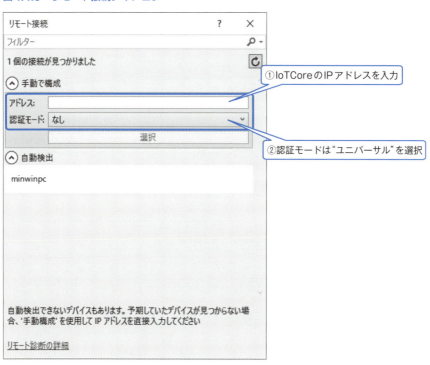

4.4　IoTゲートウェイの設定　　073

この状態で、先ほどのツールバーにある三角形のマークが付いたリモートコンピュータのボタンをクリックすれば、IoT Coreにスケルトンのアプリケーションがデプロイされます。正常にデプロイされればゲートウェイ開発環境の準備は完了です。

なお、リモート接続設定を再設定する場合は、メニューの「プロジェクト」→「(プロジェクト名)のプロパティ」→「デバッグ」にある開始オプション設定を変更してください(図4.4.9)。

図4.4.9　リモート接続設定ダイアログ

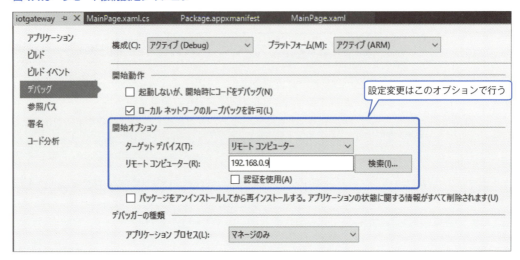

4.4.4　周辺デバイスへのアクセスを許可する

次にアプリケーションからBluetoothやウェブカメラへのアクセスを許可する設定を行います。図4.4.10のようにソリューションエクスプローラからPackage.appxmanifestを開いてください。Packages.appxmanifestの機能タブを開いて、Webカメラ・ビデオライブラリ・ピクチャライブラリ・近接通信・マイク・インターネット(クライアント)・Bluetooth(項目が存在する場合)を許可します。設定後はメニューもしくはショートカット(Ctrl+S)で保存してください。

4.4.5　Bluetooth LE情報を受信する

開発環境が準備できたところで、実際にBLESerial2が送信している情報を受信してみましょう。BLESerial2ではハードウェアでGATTプロファイルの処理を行ってくれていましたが、Windows 10でBluetooth LE通信を受信するには、下記の①〜⑤の手順でGATTプロファイルを処理する必要があります。

①BLESerial2 (Visual Serial Port) のサービスUUIDでウィンドウズが認識している全てのデバイ

図4.4.10 Package.appxmanifestの設定

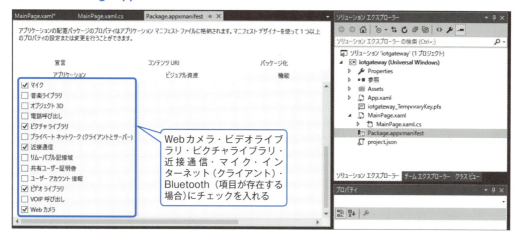

スを検索して、BLESerial2のデバイス（オブジェクト）を取得する。
② デバイスが持つサービスの一覧を取得する。
③ サービスの一覧からキャラクタリスティックスを取得する。
④ キャラクタリスティックスの値が変更された際に呼び出されるイベントハンドラにメソッドを登録する。
⑤ イベントハンドラメソッドでキャラクタリスティックスの値を処理する。

図4.3.4で説明したGATTプロファイルのデータ構造を思い出してください。デバイスUUIDの下にサービスUUIDが存在し、その下にキャラクタリスティックUUIDが複数存在していました。また、4.3.4項の図4.3.5でも確認したようにBLESerial2はNotifyキャラクタリスティックを定期的に送信しています。

このNotifyキャラクタリスティックを受信するために1から4を実装したのがコード4.4.1です。ソリューションエクスプローラーからMainPage.xaml.csを開いてコード4.4.1の黒字のコードを追加してください。なお、コードの分量が多いので、今回の説明と直接関係のないコードの一部を省略またはグレーアウトしています。

コード4.4.1　キャラクタリスティックオブジェクトにイベントハンドラを登録

```
1   using System;
2   using System.Collections.Generic;
3   using Windows.Devices.Bluetooth.GenericAttributeProfile;
4   using Windows.Devices.Enumeration;
5   using Windows.Storage.Streams;
6   using Windows.UI.Xaml;
7   using Windows.UI.Xaml.Controls;
8   using System. Threading. Tasks;
```

```csharp
9   (省略)
10
11  public sealed partial class MainPage : Page
12  {
13
14      public MainPage()
15      {
16          this.InitializeComponent();
17          hookGattCharacteristicsAsync();
18      }
19
20      private Guid GATT_SERVICE_GUID = new Guid("bd011f22-7d3c-0db6-e441-55873d44ef40");
21      private Guid GATT_CHARACTERISTIC_GUID = new Guid("2a750d7d-bd9a-928f-b744-7d5a70
        cef1f9");
22      private DeviceInformationCollection bleDevices;
23      private GattDeviceService gattServices;
24      private IReadOnlyList<GattCharacteristic> gattCharacteristics;
25      private async void hookGattCharacteristicsAsync()
26      {
27          bleDevices = await DeviceInformation.FindAllAsync
            (GattDeviceService.GetDeviceSelectorFromUuid(GATT_SERVICE_GUID));
28
29          if (bleDevices == null || bleDevices.Count != 1) return;
30
31          gattServices = await GattDeviceService.FromIdAsync(bleDevices[0].Id);
32          gattCharacteristics = gattServices.GetCharacteristics(GATT_CHARACTERISTIC_GUID);
33          if (gattCharacteristics.Count > 0)
34          {
35              var gattCharacteristic = gattCharacteristics.First();
36              gattCharacteristic.ValueChanged += gattCharacteristicChanged;
37          }
38      }
39
40      private void gattCharacteristicChanged(GattCharacteristic sender, GattValueChanged
        EventArgs args)
41      {
42          byte[] bArray = new byte[args.CharacteristicValue.Length];
43          DataReader.FromBuffer(args.CharacteristicValue).ReadBytes(bArray);
44          byte data = bArray[0];
45      }
46  }
```

①BLESerial2 (Visual Serial Port)の
サービスUUID (GATT_SERVICE_GUID)を
持つデバイスを全て取得

②デバイスが存在しないor複数
存在する場合は処理を終了

③デバイスからサービスを取得
し、サービスからキャラクタ
リスティックを取得

④キャラクタリスティックの値が変化した際
にgattCharacteristicChangedメソッド
を呼び出すようイベントハンドラを登録

　このコード4.4.1では、25行目でhookGattCharacteristicAsyncメソッドを追加しています。このメソッドはBluetooth LEのNotifyで信号を受信する度に起動されるイベントハンドラメソッド"gattCharacteristicChanged"を登録するためのものです。

hookGattCharacteristicsAsyncメソッドでは、最初に27行目でBLESerial2のサービスUUID（GATT_SERVICE_GUID）を持つデバイスを全て取得しています。29行目でデバイスが取得できない場合、もしくは複数存在する場合に処理を中断しています。

　31、32行目でBLESerial2のサービス一覧とキャラクタリスティック一覧を入手し、35行目でキャラクタリスティックオブジェクトを取得しています。

　最後に36行目でキャラクタリスティックオブジェクトのイベントハンドラにgattCharacteristicChangedメソッドを追加しています。これでキャラクタリスティックの値に変化があると（何らかの値を受信すると）、40行目のgattCharacteristicChangedメソッドが呼び出されるようになります。

　gattCharacteristicChangedメソッドでは、キャラクタリスティックの値を読み出しています。DataReader.FromBufferメソッドでEventArgsで渡されたバッファをバイト型配列に変換した上で、その先頭1バイトを取り出しています。

4.4.6　受信したセンサー情報を画面に表示する

　次に受信したデータを表示するUIを作成しましょう。TextBoxコントロールに取得した値を表示します。

　Visual Studioの画面右にあるソリューションエクスプローラでMainPage.xamlファイルをダブルクリックしてください。すると、左端にツールボックスが現れて図4.4.11のUI（XAML）デザイナー画面に切り替わります。

図4.4.11　UI（XAML）デザイナー画面

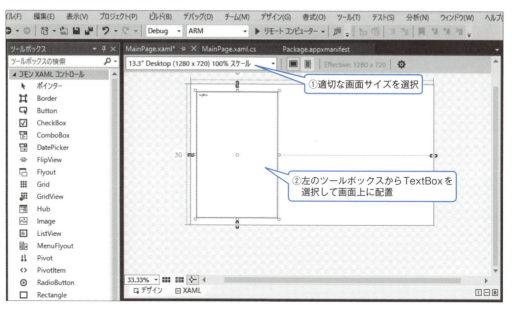

デフォルトでは画面の大きさが5インチのスマートフォンに設定されているので、UIデザイナー画面の左上にあるプルダウンメニューから13.3"Desktopなどの大きな画面を選択します（①）。そして、ツールボックスのコモンXAMLコントロールからTextBoxを選択して画面に配置します（②）。

また、図4.4.12のようにVisual Studio画面右下のプロパティに表示されている「名前」をtextBoxからlogBoxに変更します（①）。logBoxにスクロールバーを表示するために、logBoxのScrollViewerプロパティをHiddenからVisibleに変更します（②）。

図4.4.12　logBoxプロパティ画面

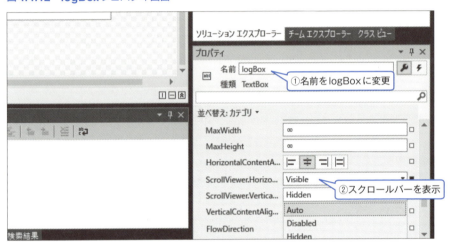

これでUI側の準備が終わりましたのでセンサーデータをUIに表示しましょう。先ほど作成したgattCharacteristicChangedメソッドに、センサーの値をlogBoxへ表示する処理を追加したのがコード4.4.2です。

コード4.4.2　受信した値をTextBoxに表示する

```
1   private async void gattCharacteristicChanged
    (GattCharacteristic sender, GattValueChangedEventArgs args)
2   {
3       byte[] bArray = new byte[args.CharacteristicValue.Length];
4       DataReader.FromBuffer(args.CharacteristicValue).ReadBytes(bArray);
5       byte data = bArray[0];
6       await Dispatcher.RunAsync(Windows.UI.CoreDispatcherPriority.Normal, ()=>
7       {
8           logBox.Text += data.ToString();
9       });
10  }
```

コード4.4.2では、6〜9行目でセンサーの値を表示しています。Dispatcher.RunAsyncは画面描画を行うUIスレッドにアクセスする際の作法になります。この部分を単にlogBox.Text += data; とした場合は、次のような例外が発生します

Exception thrown: 'System.Exception' in iotgateway.exe

Windowsに限らず、GUIプログラミングではUI処理を単一のスレッドに限定することが一般的です。センサーの受信処理はUIスレッドとは別のスレッドから実行されているので、UIを変更する処理の部分だけはCoreDispatcherクラスのRunAsyncメソッドを利用してUIスレッドで実行しています。

これでBLESerial2から送信される人感センサーの値がlogBoxに表示されるようになります。

4.4.7 ▶ Async/Awaitによる非同期プログラミング

これまでのコードにasync/awaitというキーワードが出てきました。これは.NET Framework 4.5 / C#5.0で追加された機能で、下記のようにこれまでの非同期処理に比べて非常に簡単に記述することができるのが特徴です。

①非同期処理を行うメソッドの定義にasync修飾子を追加する。
②メソッドの中で実際に非同期処理を行いたい処理にawait演算子を付ける。await演算子を付けた処理は別スレッドで実行され、呼び出し元のスレッドは別の処理を行うことができる。

なお、async修飾子を付けたメソッドはTask型／Task<T>型／void型を返しますが、このメソッドの戻り値によって同一のawait処理を複数回呼んだ場合の動作が異なる点には注意が必要です。Task型／Task<T>型を戻り値とした場合は、前のawait処理が完了するまで同じawait処理は実行されません。しかし、void型を戻り値とする場合には待たない(Fire and Forget)動作になるので、同じawait処理が同時に実行される可能性があります。

4.4.8 ▶ USBカメラで撮影する

人感センサーは「熱を持っていて(赤外線を発していて)動いているもの」を検知するものなので、今回追い払いたい害鳥だけではなく、例えばベランダで洗濯物を干している人間も検知してしまいます。これらの区別はセンサーでは難しいため、センサーの検知範囲をUSBカメラで撮影し、クラウドに送信して機械学習で害鳥かどうかを検出します。

まずUSBカメラで撮影する部分から実装しましょう。Raspberry PiにUSB2.0カメラを接続して、ゲートウェイのホーム画面にある "Connected devices" の欄に "USB 2.0 PC Camera" などのUSBカメラデバイスが認識されていることを確認してください(図4.4.13)。

4.4 IoTゲートウェイの設定　　079

図4.4.13 USB2.0カメラの認識

WindowsでUSBカメラの映像を読み込むには、下記の手順でUSBカメラデバイスを初期化して読み込みます。また、終了時に確実にカメラデバイスを開放する処理も必要です。

①MediaCaptureオブジェクトを生成する。
②カメラ解像度を設定する。
③画像をキャプチャし、ファイルに保存する。

これまで作成したコードに上記の①から③を追加して実装したのがコード4.4.3です。コードの分量が多いので、今回の説明と直接関係のないコードの一部を省略またはグレーアウトしています。

コード4.4.3 ウェブカメラの初期化及び撮影(Photo)処理

```
1   Using System.Threading.Tasks;
2   using Windows.Media.Capture;
3   using Windows.Media.MediaProperties;
4   using Windows.Storage;
5
6   (省略)
7
8   public sealed partial class MainPage : Page
```

```csharp
 9  {
10      public static MediaCapture mediaCapture = null;
11      private string PHOTO_FILE_NAME = "photo.jpg";
12
13      public MainPage()
14      {
15          this.InitializeComponent();
16          webCamInit();
17          hookGattCharacteristicsAsync();
18      }
19
20      private async void webCamInit()
21      {
22          mediaCapture = new MediaCapture();
23          await mediaCapture.InitializeAsync();
24          var resArray = mediaCapture.VideoDeviceController.GetAvailableMediaStreamProperties
              (MediaStreamType.Photo);
25          for (var i = 0; i < resArray.Count; i++)
26          {
27              VideoEncodingProperties res = (VideoEncodingProperties)resArray[i];
28              if (res.Width == 320 && res.Height == 240)
29              {
30                  await mediaCapture.VideoDeviceController.SetMediaStreamPropertiesAsync
                      (MediaStreamType.Photo, res);
31                  break;
32              }
33          }
34      }
35
36      private async Task webCamCapture()
37      {
38          StorageFile photoFile
              = await KnownFolders.PicturesLibrary.CreateFileAsync
              (PHOTO_FILE_NAME, CreationCollisionOption.ReplaceExisting);
39          await mediaCapture.CapturePhotoToStorageFileAsync
              (ImageEncodingProperties.CreateJpeg(), photoFile);
40      }
41  }
```

①カメラがサポートする全ての撮影可能な解像度を取得

②QVGA解像度がサポートされていたら解像度をセットする

③撮影し、ファイルに保存する

　このコード4.4.3では、最初にwebCampInitメソッドを追加しています。23～24行目でmediaCaptureオブジェクトを初期化しています。

　25行目でカメラが対応する写真撮影の解像度をresArrayに取得しています（①）。このresArrayにはカメラがサポートしている全ての解像度が入っています。今回は機械学習のためにQVGA程度の解像度が必要なため、26行目以降のforループでresArrayからQVGAに該当する

4.4　IoTゲートウェイの設定　　081

解像度を取り出して、SetMediaStreamPropertiesAsync()メソッドでカメラに設定しています（②）。

webCamCapture()が実際に撮影を行うメソッドです。39行目でWindowsのピクチャライブラリに一時ファイルを準備して、40行目でJPEGフォーマットを指定してUSBカメラの映像を撮影しています（③）。

次に、取得した写真をIoT Coreの画面に出力するために、UIにImageコントロールを追加してセンサーからデータを受信する度に写真を表示しましょう。また、手動で撮影するためのButtonコントロールも配置します（図4.4.14）。

図4.4.14　UIデザイナー画面

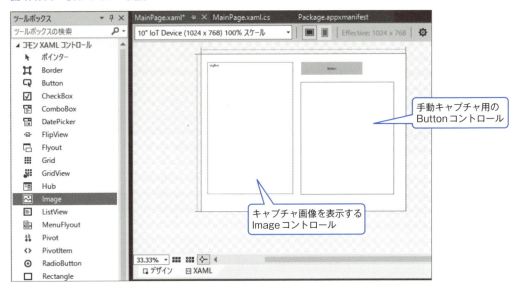

図4.4.15　buttonコントロールのプロパティ設定画面

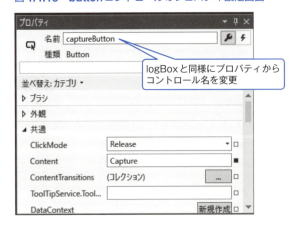

4章 ● フィールド層の実装

先ほどのTextBoxと同じように、ButtonコントロールとImageコントロールの名称を
captureButtonとcapturedImageに変更します（図4.4.15）。

Imageコントロールにカメラの映像を表示する実装コードがコード4.4.4です。

コード4.4.4　撮影した画像をUIに表示する

```
1   using Windows.Storage;
2   using Windows.UI.Xaml.Media.Imaging;
3   using Windows.Media.MediaProperties;
4   using System.Diagnostic;
5
6   private async Task webCamCapture()
7   {
8          StorageFile photoFile = await KnownFolders.PicturesLibrary.CreateFileAsync
           ("photo.jpg", CreationCollisionOption.ReplaceExisting);
9          await mediaCapture.CapturePhotoToStorageFileAsync
           (ImageEncodingProperties.CreateJpeg(), photoFile);
10
11     await Dispatcher.RunAsync(Windows.UI.Core.CoreDispatcherPriority.Normal, async () =>
12     {
13         using(var photoStream = await photoFile.OpenReadAsync()) {
14             BitmapImage bitmap = new BitmapImage();         ┐
15             bitmap.SetSource(photoStream);                  │ ①画像ファイルをBitmap形式に変換
16             capturedImage.Stretch = Stretch.None;           ┘
17             capturedImage.Source = bitmap;                  ──②Imageコントロールに表示
18         }
19     });
20  }
```

コード4.4.4では先ほど作成したwebCamCapture()メソッドにUI表示のコードを追加してい
ます。8～9行目で撮影・ファイル保存したデータを、14行目のOpenReadAsync()メソッドで
読み出しています。usingステートメントはphotoStreamを確実に開放するために使用していま
す。

14～15行目は、photoFile形式をImageコントロールで表示できるようBitmapImage形式に
変換するためのコードです。最後に16～17行目で画像をImageコントロールに表示しています
（②）。

次に、ボタンの実装を行いましょう。UIデザイナー画面のButtonコントロールをダブルク
リックするとMainpageクラスにcaptureButton_Clickメソッドが定義されるので、先ほどの
webCamCapture()メソッドを呼び出します（コード4.4.5）。

4.4　IoTゲートウェイの設定　　083

コード4.4.5　ボタンクリックのイベントハンドラを実装する

```
1    private void captureButton_Click(object sender, RoutedEventArgs e)
2    {
3        webCamCapture();
4    }
```

　このコードをビルドしてボタンを使って撮影の動作確認をしてください。確認できたら次に、人感センサーが反応すると画像を撮影するようにgattCharacterlisticChanged()を修正しましょう。筆者の環境では、1秒以下での連続撮影時に画面更新が追いつかない事象を経験しているため、余裕を持って3秒間は次の撮影ができないようにStopWatchクラスを利用して撮影間隔を抑制しています（コード4.4.6）。

コード4.4.6　BLEのイベントハンドラに撮影メソッドを追加する

```
1    using System.Diagnostics;
2
3    private static Stopwatch sWatch = new Stopwatch();
4
5    private void gattCharacteristicChanged(GattCharacteristic sender, GattValueChanged
     EventArgs args)
6    {
7        byte[] bArray = new byte[args.CharacteristicValue.Length];
8        DataReader.FromBuffer(args.CharacteristicValue).ReadBytes(bArray);
9        byte data = bArray[0];
10       if (data == 1) webCamCapture();
11   {
12   private async void webCamInit()
13   {
14       sWatch.Start();
15       mediaCapture = new MediaCapture();
16       （省略）
17   }
18
19   private async void webCamCapture()
20   {
21       if (sWatch.ElapsedMilliseconds < 3000) return;
22       sWatch.Restart();
23       StorageFile photoFile = await KnownFolders.PicturesLibrary.CreateFileAsync(PHOTO_FILE_
         NAME, CreationCollisionOption.ReplaceExisting);
24       （省略）
25   }
```

アプリケーション終了時に正しくカメラデバイスを開放するため、Suspendingイベントのハ
ンドラAppクラスのOnSuspendingメソッドにmediaCaptureの開放処理を追加したのがコード
4.4.7です。App.xaml.csファイルを開いてOnSuspendingメソッドに下記の処理を追加してくだ
さい。

コード4.4.7　アプリケーション中断／終了時にカメラデバイスを開放する（App.xaml.cs）

```
1    private void OnSuspending(object sender, SuspendingEventArgs e)
2    {
3        var deferral = e.SuspendingOperation.GetDeferral();
4        if (MainPage.mediaCapture != null) MainPage.mediaCapture.Dispose();
5        deferral.Complete();
6    }
```

　これで、人感センサーの反応、もしくはボタンのクリックで、カメラ画像が撮影されるまでの
実装が完了しました。次に、撮影したデータをクラウドに送信する実装を行ないましょう。

4.4　IoTゲートウェイの設定　　085

4.5 クラウドの設定と利用法

4.5.1 ▶ Azure IoT Hubとは

Azure IoT Hubは、これまでAzureでIoT環境を構築する際に使用されていたAzure Eventhubに大幅な機能追加を行ったもので、開発者がIoTシステムを開発する際に直面する多数のデバイスとクラウド間の膨大なデータ通信やデバイス管理といった問題をより手軽に解決するためのサービスです。

また、これら環境へアクセスするゲートウェイを開発するためのSDK（Software Development Kit）を複数の言語（C、Java、Node.js）でLinuxを含む複数のOSへ提供しており、最近のマイクロソフト社のオープン志向を反映したリリースになっています。

4.5.2 ▶ Azure無償アカウントの取得

初めにAzureの無償アカウントを取得しましょう。なお、Azureの無償アカウントは、今後取得方法や無償条件が変更になることがあります。

Azureの無償評価版サイトにアクセスして「今すぐ試す」をクリックします（図4.5.1）。
https://azure.microsoft.com/ja-jp/pricing/free-trial/

サインイン画面が現れますので、マイクロソフトアカウントでログインしてください（図4.5.2）。アカウントを持っていない方は、画面右下の「新規登録」からアカウントを登録してログインします。

Azure無償アカウントのサインアップ画面が現れます。必要な情報を入力してサインアップボタンをクリックします（図4.5.3）。

アカウント作成の画面が表示され、数分間待つとアカウントが作成されます。「サービスの管理を開始する」ボタンをクリックして、Azureの管理コンソール画面が表示されればアカウントの作成は完了です。

図4.5.1　Azure無償評価版サイト

図4.5.2　Azureログイン画面

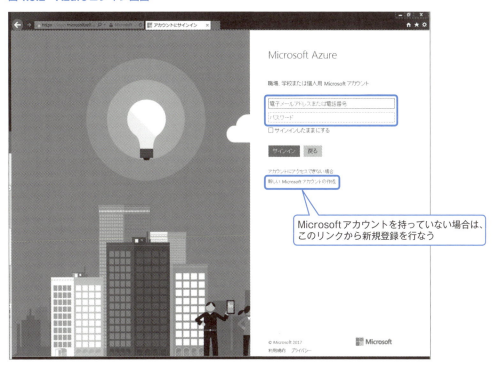

Microsoftアカウントを持っていない場合は、このリンクから新規登録を行なう

図4.5.3　Azure無償評価版アカウント　サインアップ画面

4.5.3 ▶ IoT Hubの作成

　次にAzure上にIoT Hubを作成します。https://portal.azure.comにアクセスして、Azure管理画面を表示してください（図4.5.4）。左下の参照をクリックするとAzureサービスが表示されるので、検索窓にiotと入力して、IoT Hubをクリックしてください。

　IoT Hub画面が表示されるので、追加ボタンをクリックします（図4.5.5）。

　新規IoT Hubの設定画面（図4.5.6）が表示されるので、NameテキストボックスにIoT Hub名を入力します（①）。この画面では、テキストボックスの右端にIoT Hub名の重複確認をする緑色のチェックが表示されることを確認します。

　次に、Pricing and scale tierから料金プランを選択します（②）。今回の用途であればFreeで十分です。

　次に、Resource groupの「Or create new」をクリックし、新規作成するリソースグループの名前を入力します（③）。Nameと同様に名前の重複がないことを確認してください。

　最後に、Locationから東アジアを選択（④）して作成ボタンをクリックすると、IoT Hubの作成が開始されます。作成には数分かかります。

図4.5.4　サービス一覧から IoT Hub を検索

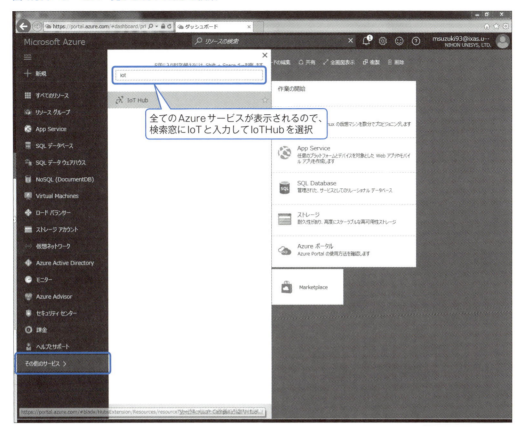

図4.5.5　新規 IoT Hub の追加

4.5　クラウドの設定と利用法　089

図4.5.6　新規IoTHubの設定

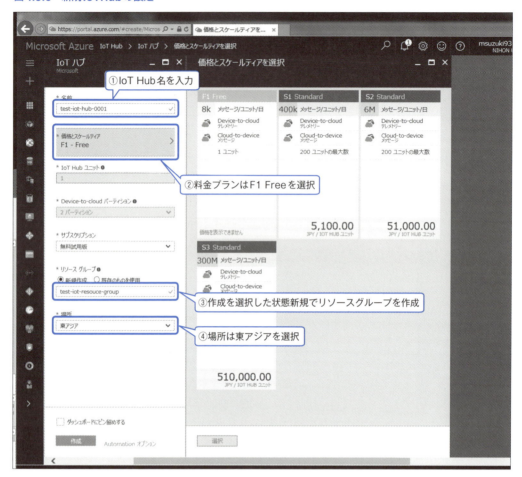

4.5.4　IoT Hub Connection-Stringの取得

　ゲートウェイからIoT Hubへ接続するために必要な情報をメモしておきましょう。先ほどのAzureポータル画面から作成したIoT Hubを開くと、図4.5.7の画面が表示されます。

　この画面から「すべての設定」→「Shared access policies」→「iothubowner」を選択すると、図4.5.8の画面が表示されます。この"Shared access keys"が管理ツールから接続するために必要な情報です。以降の作業で必要になるので、"Connection string—primary key"をメモしておいてください（①）。同様の手順で"device"の"connection String—primary key"もメモしておいてください（②）。この情報は後ほどゲートウェイからIoT Hubに接続する際に使用します。

注：リソースグループは、システムを構成する複数のリソースをまとめて管理するための単位です。詳細は以下のドキュメントを参照して下さい。https://azure.microsoft.com/ja-jp/documentation/articles/resource-group-portal/

図 4.5.7 IoT Hub のアクセス権を確認

図 4.5.8 Connection-String の取得

4.5 クラウドの設定と利用法　　091

4.5.5 DeviceExplorerの準備

次にIoT Hubに登録されたデバイスや送受信データを閲覧することができる"Device Explorer"を準備しましょう。Azure IoT Hubの動作確認のためにマイクロソフト社が提供しているツールです。下記のウェブサイトからSetupDeviceExplorer.msiファイルをインストールします。

https://github.com/Azure/azure-iot-sdks/releases

インストールが完了すると、実行ファイルがC:¥Program Files (x86)¥Microsoft¥Device Explorerにインストールされます。この実行ファイルを起動すると、図4.5.9の画面が表示されるので、先ほどAzureのポータル画面でメモをしたiothubownerの"Connection string—primary key"を"Configuration"タブの"IoT Hub Connection String:"に入力します。

入力を終えたらUpdateボタンをクリックして、Settings updated Successfullyダイアログが表示されれば設定完了です。

図4.5.9　DeviceExplorerの接続設定

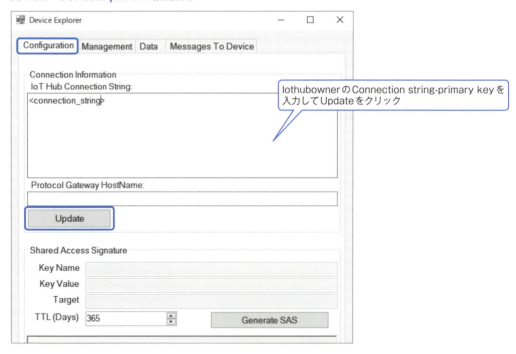

次にDeviceExplorerからデバイスを登録します。図4.5.10のようにDevice ExplorerのManagementタブを開いてCreateボタンをクリック（①）すると、Create Deviceダイアログが現れます。デバイスIDは後で使用しますので"test_device"と入力してください（②）。

Create DeviceダイアログのCreateボタンをクリックすると、デバイスが作成されDevice Createdウィンドウが表示されます（③）。Doneボタンをクリックすれば、DeviceExplorerの準備は完了です。

図4.5.10　DeviceExplorerのデバイス登録

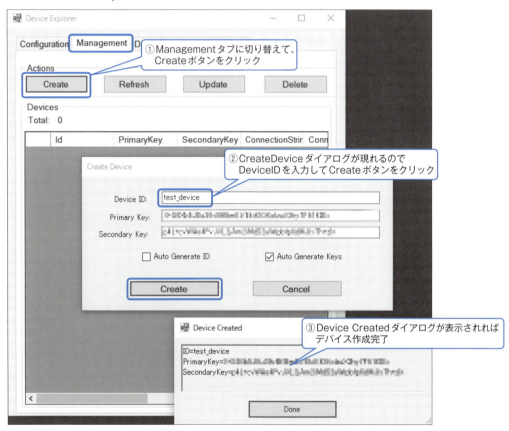

4.5.6　Microsoft Azure IoT Device SDK for .NETのインストール

　次にIoT Hubへの接続に使用するAzure IoT Device SDKをインストールします。Azure IoT Device SDKは、Linuxやmbedを含む様々なプラットホームとC, Java, Node.js, C#の開発言語をサポートしています。今回はC#用の"Azure Device IoT SDK for .NET"を利用します。

　SDKのインストールにはVisual Studioに標準で搭載されているパッケージマネージャのNugetを利用します。ソリューションエクスプローラのソリューションを右クリックして、メニューからソリューションのNuGetパッケージの管理を開いてください（図4.5.11）。

図4.5.11 NuGetパッケージマネージャ（GUI）の起動

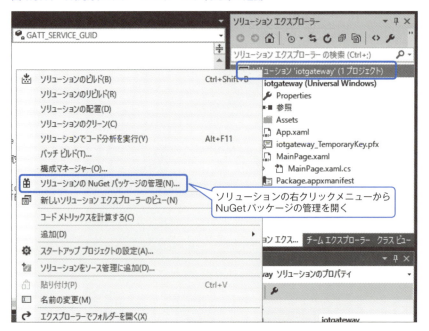

　NuGetパッケージマネージャが起動したら「プレリリースを含める」にチェックを入れて、キーワード"Microsoft.Azure.Devices.Client"で検索すると"Microsoft.Azure.Devices.Client"が表示されます。右下のインストールボタンからインストールしてください（図4.5.12）。同様に、Newtonsoft.JSONライブラリもインストールしてください。これでAzure IoT Device SDK for .NETのインストールは完了です。

図4.5.12 Nugetパッケージのインストール

4.5.7 ▶ IoT Hubへのデータ送信

これまでの作業で準備ができましたので、実際にゲートウェイからIoT Hubにカメラで撮影したデータを送信してみましょう。コード4.5.1は、ウェブカメラを実装したwebCamCapture()メソッド（コード4.4.3）にIoT Hubへのデータ処理を追加したものです。

コード4.5.1　Azure Device SDKを用いたIoT Hubへのデータ送信処理

```
 1  using Microsoft.Azure.Devices.Client;
 2  using Newtonsoft.Json;
 3  using System.Text;
 4  using Windows.Security.Cryptography;
 5
 6  private static string connString = "HostName=testhub.azure-devices.net;SharedAccessKeyNam
    e=iothubowner;SharedAccessKey=xxxxxxxxxxxxxxxxxxxxxxxxxxxxxxx=";
 7
 8  private async Task webCamCapture()
 9  {
10      (省略)
11      await Dispatcher.RunAsync(Windows.UI.Core.CoreDispatcherPriority.Normal, async () =>
12      {
13          using(var photoStream = await photoFile.OpenReadAsync()) {
14              BitmapImage bitmap = new BitmapImage();
15              bitmap.SetSource(photoStream);
16              captureImage.Stretch = Stretch.None;
17              captureImage.Source = bitmap;
18
19              DeviceClient deviceClient = DeviceClient.CreateFromConnectionString(connString,
                  TransportType.Http1);
20              byte[] bufPhoto = await Task.Run(() => File.ReadAllBytes(photoFile.Path));
21              string b64Photo = CryptographicBuffer.EncodeToBase64String(bufPhoto.AsBuffer());
22              var jsonObj = new
23              {
24                  image = b64Photo
25              };
26              string jsonPhoto = JsonConvert.SerializeObject(jsonObj, Formatting.Indented);
27              var msgPhoto = new Message(Encoding.UTF8.GetBytes(jsonPhoto));
28              await deviceClient.SendEventAsync(msgPhoto);
29          }
30      });
31  }
```

> Azureへのデータ送信処理

このコード4.5.1では、6行目でconnString変数にIoT Hubへ接続するためのConnection-Stringを格納しています。DeviceExplorerで作成したデバイスを右クリックして、Copy

4.5　クラウドの設定と利用法　095

connection string for selected device を選択すると必要な文字列がクリップボードにコピーされていますので、そのまま貼り付けてください。

19行目でAzure SDKのDeviceClientのオブジェクトを準備しています。インスタンスの生成にはCreateFromConnectionStringメソッドを用い、引数には "device"の "Connection-String"、デバイスID、トランスポートタイプを指定します。デバイスIDはDeviceExplorerで作成したデバイスID "test_device"を指定します。トランスポートタイプは "TransportType.Http1" を指定します。

20～31行目で画像をIoT Hubに送信しています。PhotoFileから画像を読み出した上でBase64エンコードし、JSONフォーマットでMessageクラスに格納します。20～31行目のSendEventAsyncメソッドでIoT Hubにメッセージを送信しています。

このように、Azure IoT Device SDKを利用することで、簡単にIoT Hubと通信することができます。

4.5.8　IoT Hubへ送信されたデータをモニタする

先ほど送信したデータをIoT Hub側でモニタします。モニタにはDeviceExplorerを使用します。図4.5.13のように、Dataタブを開くとすでにEvent HubやDevice IDが選択されているはずです。この状態でMonitorボタンを押すことでモニタが開始されます。

図4.5.13　Device ExplorerでIoT Hubをモニターする

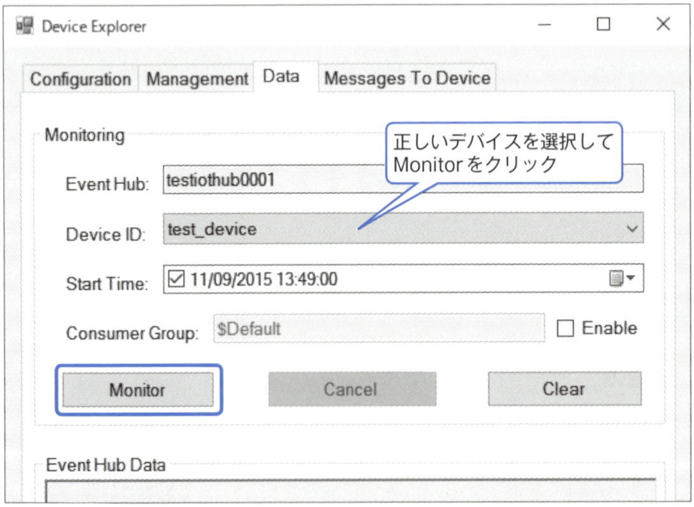

ここまでの実装で、センサー情報・カメラ映像をAzureクラウドにアップロードできました。次章ではいよいよ、アップロードした画像を機械学習で解析し、害鳥を見分ける処理を実装します。

プラットフォーム層の実装

●クラウドに害鳥検出システムを作る

　本章では、IoTシステムの構成上のメインとなるシステムコンポーネント、すなわちプラットフォーム層の実装について解説します。前章まで追ってきた「鳥害対策システム」を具体例として、クラウド上のリソースを利用し、フォールド層の情報を収集・管理し、機械学習などのツールを使って分析を加えたうえで、結果情報を随時、人手を介さずフィールド層へ返すシステムを作成します。

- 5.1　プラットフォーム層のシステム構成
- 5.2　開発環境の準備
- 5.3　「教師データ」用初期画像の収集
- 5.4　アノテーションデータベースの作成
- 5.5　害鳥検出モデルの作成
- 5.6　害鳥検出システムのセットアップ
- 5.7　害鳥撃退システムへのヒント（本章のまとめ）

5.1 プラットフォーム層のシステム構成

プラットフォーム層のシステムの通常動作は、フィールド層のデバイスからMicrosoft Azure IoT Hub（4.5節参照）を通して画像が送られてくることをきっかけに、おおよそ次のような動作をします。

1. 画像に害鳥が含まれているかどうかを判断する。
2. 害鳥が含まれていれば、現場の害鳥撃退システムへの通知を行う。

この実装の山場は、画像に害鳥が含まれているかどうかを判断する「害鳥検出モデル」を作成する部分です。図5.1.1に、プラットフォーム層のシステム構成、具体的には害鳥検出システムの構成図を示しておきます。

そもそもコンピュータは、「害鳥とは何なのか」を知りません。画像の中の害鳥を検出するためには、どんな画像が害鳥なのかをコンピュータが憶える「トレーニング」処理が必要です。このトレーニング処理には、使用する教科書や先生に当たる「教師データ」が必要で、トレーニングを始

図5.1.1　プラットフォーム層の構成（害鳥検出システムの構成図）

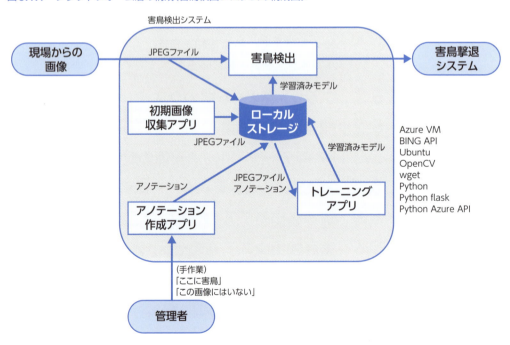

める前に作成しておく必要があります。すなわち、「教師データ」による学習をあらかじめしておくことによって、システムは害鳥を「検出」し、害鳥であると「認識」できるようになるのです。

　学習した成果はデータとして表現され、一般に「モデル」と呼びます。害鳥を検出するための学習成果を記述したデータなら「害鳥検出モデル」です。モデルはただのデータなので、そのままでは動作しませんが、害鳥検出モデルを読み込んで害鳥を検出するための仕掛けを作れば、それは「害鳥検出システム」となります。

5.1.1　画像検出と画像認識

　画像の中から希望のものを見つけたり、画像に写っている対象物がなんであるかを判断したりする処理のことを、世間では区別なく「画像認識」と呼ぶことが多いようですが、この言い方は少々厳密性を欠いています。正確には次のように定義されます。

【1】画像検出

　画像の中に特定のものがあるかどうかや、画像のどこにあるかを見つける処理。今回の害鳥検出システムで実現したいのはこの処理です。

【2】画像認識

　画像に写っているものが何か、またはその種別などを判定する処理。例えば、人間の画像が誰であるかを判定したり、製品画像から製品が良品か不良品かを判断したり、画像の中の文字を読み取ったりするのがこの処理です。

　多くの場合、これらの処理は続けて行います。つまり、

1. 元の画像に画像検出を行い、欲しいものが写っている部分を切り出す。
2. 切り出した部分画像について、画像認識で必要な類別を行う。

という2つの処理を連続して行うことになります。

　例えば、Microsoftが作成した "How old do I look?" というサイト[1]では、画像の中から人の顔をすべて検出して、その年齢と性別を推定（認識）する、というような逐次的処理をしています（図5.1.2）。

　なお、今回の害鳥検出システムでは、画像中から害鳥を検出するだけでよいので、画像認識の処理は行いません。

1　http://how-old.net/

5.1　プラットフォーム層のシステム構成　　099

図5.1.2　画像から年齢を推測してくれるMicrosoftの画像解析技術を使ったWebサイトHow-Old.net

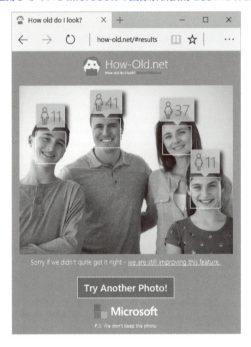

5.1.2　害鳥検出システムの作成手順

　画像の中に害鳥が含まれているかどうかを判定する害鳥検出システムは、次のような手順で作成します。

1. 画像データを収集する。
2. 画像データを「害鳥を含む画像」と「害鳥を含まない画像」に分類する。
3. 「害鳥を含む画像」の「どこに害鳥が写っているか」の印を付ける。
4. これらをまとめて害鳥検出モデルのトレーニングシステムに入力する。
5. 出力された害鳥検出モデルを検証する。

　害鳥を検出するシステムは、機械学習のうちでも「教師あり学習（Supervised Machine Learning）」と呼ばれる方式で作成します。データに正解と不正解などのラベルを付けた「教師データ」をあらかじめ大量に用意し、その「教師データ」を使って、モデルをトレーニングし、検出の正解率を高めて、システムとして実用になるように仕上げていきます。

　今回の害鳥検出システムで用意する「教師データ」を整理しておきます（表5.1.1）。

表5.1.1 害鳥検出システムの「教師データ」

データの種類	説　明
害鳥を含む画像	検出したいものが写っている画像のデータです。「ポジティブサンプル：Positive Sample」と呼びます。
アノテーション	ポジティブサンプル画像のどこに検出したいものが写っているのかを記述したデータで、ポジティブサンプルに注釈（annotation）を与えることから「アノテーション」と呼びます。
害鳥を含まない画像	ポジティブサンプルだけで学習させると、時に対象物でないものを誤って対象物だと検出してしまうモデルができてしまうことがあります。これを防ぐために与える、検出対象を含まないデータが「ネガティブサンプル：Negative Sample」です。

　サンプル画像を自分で用意するのは大変なので、今回は検索エンジンの画像検索で収集することにします。収集した画像の中からポジティブサンプルとネガティブサンプルを分類し、ポジティブサンプルについてアノテーションを作成します。

　画像検出の処理には、広く利用されているコンピュータ視覚ライブラリOpenCV[2]を利用します。OpenCVに備わっているアルゴリズムでモデルをトレーニングし、画像検出を実行します。

　システムの開発環境としては、Microsoft Azure上でLinux VM[3]を使います。Azure上では様々なLinuxが利用可能です。そのいずれでもOpenCVを使用できますが、Microsoft Azureのポータル画面にお勧めとして表示されることの多いUbuntu Linuxを本書では採用することにしました。

　また、今回利用するプログラミング言語としては、Python[4]を選びました。PythonはLinuxだけでなく幅広いOS環境で動作するので、たとえば本件の開発環境としてWindowsを選択しても、大きな設定変更をせずとも、そのままシステムを動かすことが可能となります。

　では、次の5.2節で今回使用するツール類、開発環境の準備について解説します。

2　主にIntelによって開発されたオープンソースの画像認識ライブラリー。CVはComputer Visionの略で画像認識を意味します。
3　VMはVirtual Machineの略で仮想マシンを意味します。Linux VMは、Microsoft Azureクラウドの中に作られたLinuxインストール済みの仮想のPCのことです。
4　簡潔で読みやすい文法が特徴のスクリプト言語で、UNIX系OSを中心に、Windows、MacOSなど、幅広い環境で普及しています。様々な機能を提供するライブラリが充実しており、学習が容易でありながら複雑な処理を簡単に実現できるので、開発用言語として人気があり、特に近年では統計解析や機械学習などの分野でよく利用されています。

5.1　プラットフォーム層のシステム構成　101

5.2 開発環境の準備

5.2.1 TeraTermのインストール

　Linux VMを操作するためには、ターミナルエミュレータソフトをインストールしておく必要があります。ここではTera Term[5]を選びますが、Puttyなどでもよいでしょう。好みのものを使ってください。Tera TermはOSDNに公式ダウンロードサイト[6]があります。

　では、OSDN公式サイトからTera Termのダウンロードページを開いてください(図5.2.1)。

図5.2.1　Tera Termのダウンロードページ

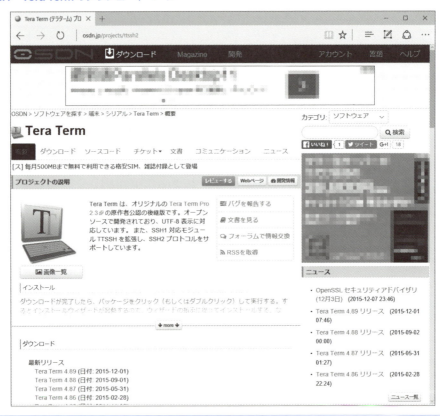

---

[5] Projectが開発しているWindows向けの多言語対応の高機能ターミナルエミュレータソフト。ネットワーク上やシリアルポートにつながった別のコンピュータに接続してリモートからコマンドライン操作を行うことができます。Puttyも同様のソフトウェアで、メモリ使用量が少ないのが特長です。
[6] オープンソフトウェアプロジェクト向けホスティングサービスサイト。https://osdn.jp/projects/ttssh2/

最新リリース版を選んでダウンロードページへ移動してください。すると、ダウンロードするファイル形式を選ぶ画面が表示されます（図5.2.2）。exe形式かzip形式を選択できますが、ここではexe形式を選んで、ダウンロードして実行します。

図5.2.2　Tera Term 4.89（日付：2015-12-01）の画面

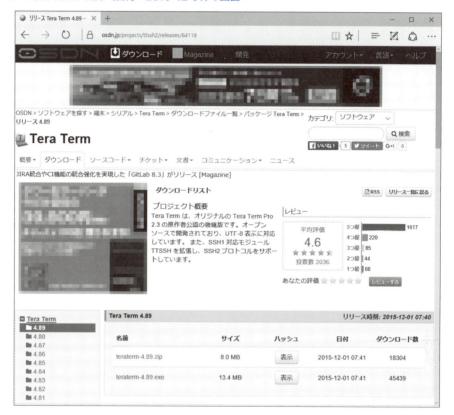

　EXE版teraterm-4.89.exeファイルをダウンロードして実行します。UAC（ユーザーアカウント制御設定の変更）によるアクセス許可を求めるダイアログが出てきたら承認してください。インストーラが起動すると、インストールに使用する言語を聞かれるダイアログが立ち上がるので［OK］をクリックして続行します(図5.2.3）。

　すると、セットアップウィザードが開始されます。ここからインストール完了まで、基本的にすべての質問ダイアログはデフォルト設定のままでインストールして問題ありません。

図5.2.3 インストールに使用する言語の選択ダイアログ

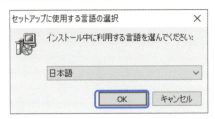

図5.2.4 Tera Termセットアップウィザードの開始画面

［次へ(N) >］をクリックします。すると、「使用許諾契約書の同意」画面が表示されます（図5.2.5）。

図5.2.5 「使用許諾契約書の同意」画面

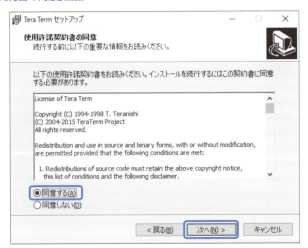

［●同意する（A）］にチェックして［次へ（N）>］をクリックし、「コンポーネントの選択」画面に移ります（図5.2.6）。

図5.2.6　コンポーネントの選択画面

TTSSHが選択されているのを確認して、［次へ（N）>］をクリックします。すると、「インストール先の指定」画面が表示されます（図5.2.7）。

図5.2.7　「インストール先の指定」画面

ここで[次へ(N) >]をクリックすると、使用する「言語の選択」画面が表示されます（図5.2.8）。

図5.2.8　「言語の選択」画面

使用する言語を選択して［次へ (N) >］をクリックします。すると、プログラムアイコンの作成場所を指定するための「プログラムグループの指定」画面が表示されます（図5.2.9）。

図5.2.9　「プログラムグループの指定」画面

指定場所が「Tera Term」となっていることを確認したら、［次へ（N）>］をクリックし、「追加タスクの選択」画面に移ります（図5.2.10）。

図5.2.10　「追加タスクの選択」画面

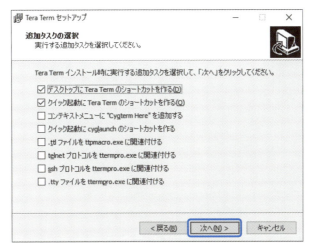

　デフォルトのチェックのままでかまいません。［次へ（N）>］をクリックします。これでインストールの準備が完了します（図5.2.11）。

図5.2.11　Tera Termのインストール準備完了

準備完了画面で[インストール(I)]をクリックすると、インストールが開始されます。インストールが完了すると、セットアップウィザードの完了画面が表示されます(図5.2.12)。

図5.2.12 「セットアップウィザードの完了」画面

このウィザードの最後のダイアログでは、「□今すぐTera Termを実行する」にチェックを入れて[完了(F)]ボタンをクリックします。次のような画面が表示されれば、インストールは完了です(図5.2.13)。

図5.2.13 インストールが完了すると表示される画面

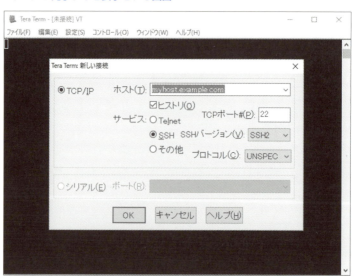

5.2.2 Microsoft AzureでUbuntu Linux VMを起動する

次に、クラウド上に仮想マシンを作成します。Microsoft Azureクラウドの中に、Ubuntu Linuxがインストールされた仮想のPC（Virtual Machine：VM）を作成します。この仮想のLinuxマシンの上に害鳥検出システムを構築します。

4.5節でIoT Hubを作成したときと同じように、Microsoft Azureのポータルにログインしてください（図5.2.14）。これ以降、特に指定なく「ポータル」という表記はMicrosoft Azureのポータルのことを指します。

Azureで仮想マシン（VM）を設定するには、クラシックデプロイと呼ばれる従来からの方法と、リソースマネージャを使ったデプロイの2つの方法がありますが、現在は後者のリソースマネージャによる方法が推奨されていますので、後者で作業を進めます。

図5.2.14　Microsoft Azureのダッシュボード

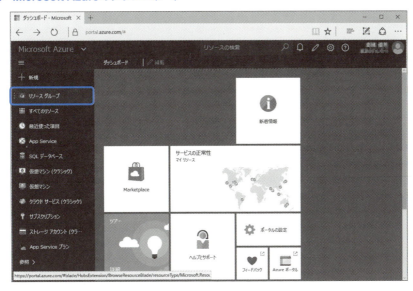

【1】空のリソースグループを設定する

Microsoft Azure上で、あるシステムを動作させるときに、必要な仮想マシンやストレージ、データベースなどは1つとは限りませんし、起動する順番が決まっていることがあります。こうしたシステムを構成するリソースを一体のものとして管理したり、テンプレート化したり、自動化したりするために、Azureにはリソースグループというものがあります。ただし、本書の範囲ではリソースの集合に名前を付けるという程度の理解で十分です。

リソースグループを作成するには、まず「空のリソースグループ」を設定し、その中に実際に使用するリソース、本書ではUbuntu Serverなどを追加していきます。

では、ポータル画面左上の「リソースグループ」をクリックしてください。もし見つからないときは「参照>」から検索してください。すると、リソースグループ画面が表示されます(図5.2.15)。

図5.2.15　リソースグループの画面

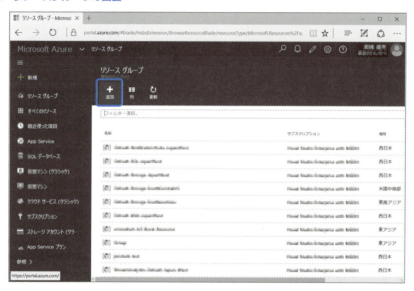

この画面でリソースグループの[+追加]タブをクリックすると、「空のリソースグループの作成」タブに移動します(図5.2.16)。

図5.2.16　「空のリソースグループの作成」タブ画面

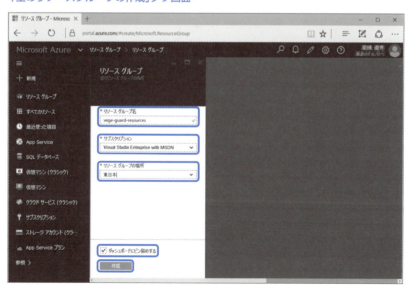

リソースグループの作成タブには3つの必須入力欄があります。本書ではリソースグループ名を「vege-guard-resources」としましたが、好きな名前を付けて構いません。サブスクリプションとリソースグループの場所はデフォルトが入力されていますが、本書では東京で設定しているので東日本としています。読者の皆さんは、各自のロケーションにて設定してください。3項目とも入力したら、「ダッシュボードにピン留めする」のチェックを確認して、下の[作成]ボタンをクリックします。

ダッシュボードにピン留めするようチェックを入れたので、ダッシュボードに「リソースグループを作成しています」というパネルが出てきます(図5.2.17)。

図5.2.17 リソースグループ作成中の画面

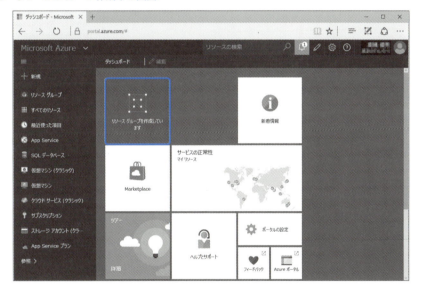

しばらく待つと、リソースがまだない状態のリソースグループが表示され、正常に作成されたことが通知されます(図5.2.18)。

図5.2.18 リソースグループが作成されたことを知らせる画面

【2】Ubuntu Serverをリソースグループに追加する

では、まだリソースが入っていないリソースグループに、使用するリソースを追加していきましょう。最初は、Ubuntu Serverです。

リソースグループタブにある［+追加］ボタンをクリックします（図5.2.19）。

図5.2.19　設定が完了したリソースグループの画面

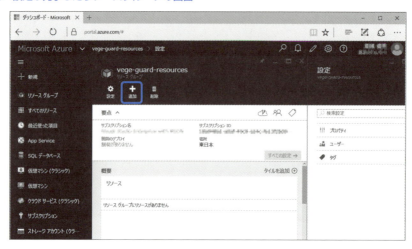

［+追加］ボタンをクリックすると、Microsoft Azureが提供しているリソースがすべて表示されます（図5.2.20）。検索またはスクロールで、トップ画面にないリソースを探すことができます。

図5.2.20　Microsoft Azureのリソース検索画面

ここでは、下にスクロールしてみましょう（図5.2.21）。Ubuntu Serverがありました。見当たらない場合は検索してください。Ubuntu Serverのアイコンをクリックします。

図5.2.21　スクロールしてUbuntu Serverが表示された画面

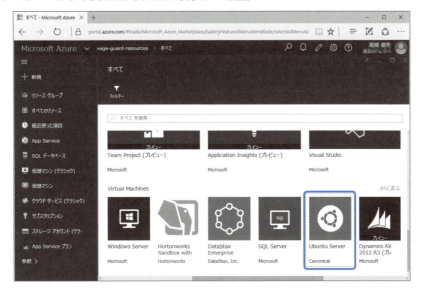

　Ubuntu Serverのバージョンが右フレームに表示されますので、最新版を選びます（図5.2.22）。

図5.2.22　Ubuntu Serverのバージョン選択画面

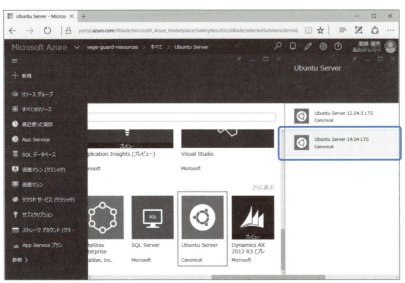

【3】デプロイモデルを選んで仮想マシンVMを作成する

　バージョンが選択されると、今度はデプロイモデルの選択画面が表示されます。デフォルトはクラシックになっていますので、「リソース マネージャー」に変更して、［作成］ボタンを押してください（図5.2.23）。

図5.2.23　デプロイモデルの選択

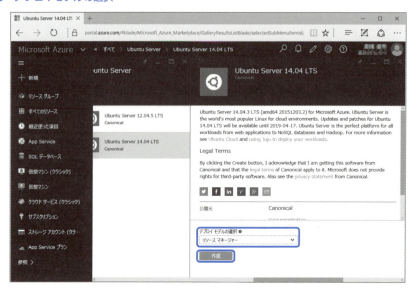

　仮想マシンの作成フレームが表示されますので、4つの作成項目を選んで設定していきます（図5.2.24）。

- ［1 基本］→［2 サイズ］→［3 設定］→［4 概要］の設定・確認

　まず［1 基本］をクリックすると、基本設定フレームが右側に表示されます。本書では図5.2.24に示すように、名前を「vege-guard」と付けてみました。ログインするためのユーザー名も入力します。認証方式は［パスワード］とし、リソースグループに先ほど作成したリソースグループの名前「vege-guard-resources」を入力します。場所も「東日本」に設定します。

図5.2.24　仮想マシンの基本設定

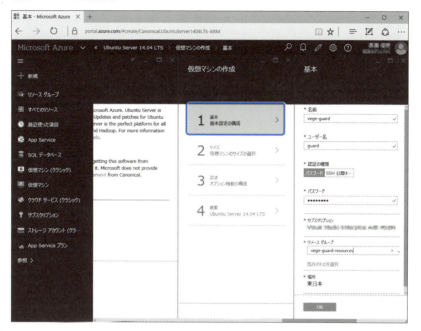

パスワードの制約を満たしていないと、図5.2.25のようなエラーメッセージが表示されます。よく考えて忘れにくいパスワードを付けてください。

図5.2.25　エラーメッセージ

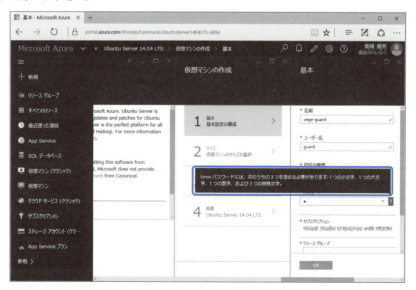

5.2　開発環境の準備　115

[1 基本]のすべてが整ったら[OK]ボタンを押します。[1 基本]に完了が表示されたら、次に作成項目の「2 サイズ」を選択します(図5.2.26)。

図5.2.26　仮想マシンのサイズ選択(1)

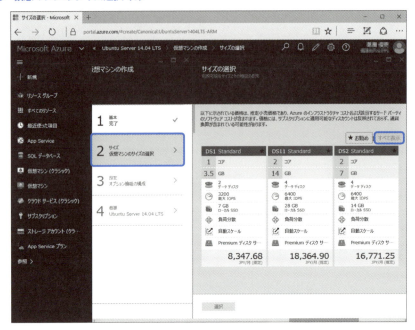

　画像検出モデルを作るためのトレーニングには、なるべくたくさんのCPUコアとメモリ、そしてできればGPUがあれば、処理時間が短くなります。それに比べれば、通常運用中の画像検出処理に要求される処理能力はわずかです。

　モデルのトレーニングはそれほど頻繁に実行する処理ではないので、通常運用時の経済性を重視して小さめの仮想マシンを選択することにします。右上の「すべて表示」をクリックし、「A1 Basicの1コア1.75GB」を選択します(図5.2.27)。

　予算に余裕があれば好きなだけ大きなものを選んでかまいませんが、小さくしすぎると、後の設定によってはトレーニングや検出に時間がかかりすぎるので注意してください。

　サイズの選択が完了したら、[3 設定]オプション機能の構成項目は、デフォルトのままの設定でかまいません(図5.2.28)。[OK]をクリックします。

図5.2.27 仮想マシンのサイズ選択（2）

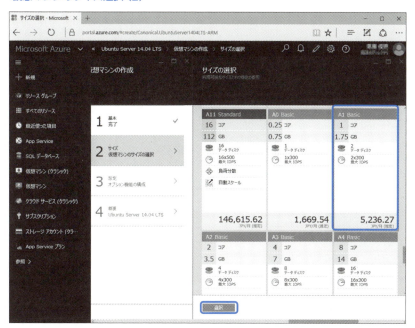

図5.2.28 オプション機能の構成画面

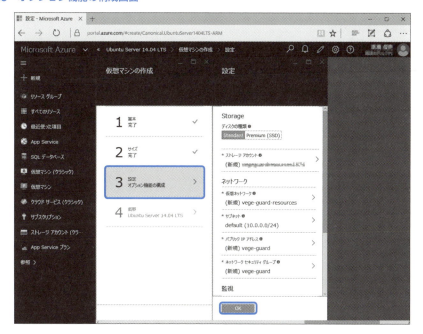

5.2 開発環境の準備　　117

次は、［4 概要］に進みます（図5.2.29）。概要を確認して問題がなければ、［OK］をクリックしてください。すると、仮想マシン作成中となり数分かかります（図5.2.30）。

図5.2.29　概要確認画面

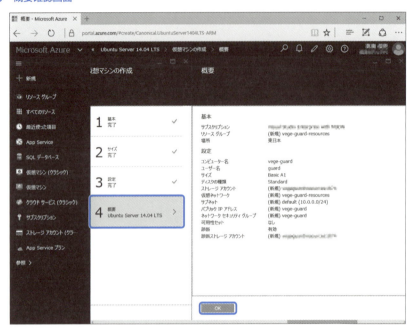

図5.2.30　仮想マシン作成中の画面

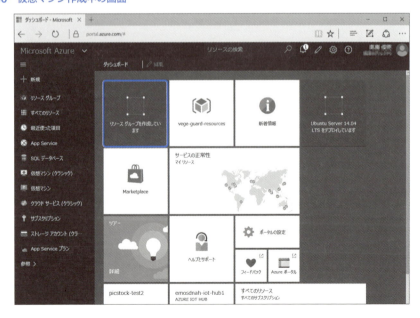

【4】作成した仮想マシンへログインする

仮想マシンが起動したら（図5.2.31）、早速接続してみましょう。パブリックIPアドレスのところに出ているIPアドレス[7]をテキスト選択してクリップボードにコピーしてください。

図5.2.31　仮想マシン「verge-guard」の起動画面

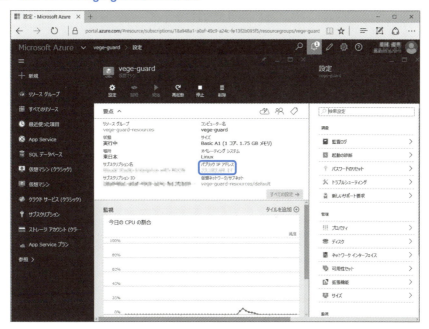

コピーしたIPアドレスをTera Termの新しい接続ダイアログの「ホスト(T):」フィールドにペーストします。手で入力してもかまいません。そのほかのオプションはデフォルトのままにして[OK]をクリックします（図5.2.32）。

図5.2.32　Tera Termの新しい接続

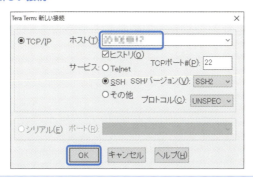

---

[7] IPアドレスの代わりに、FQDNを付けることもできます。詳しくは以下のURLの「Azureポータルでの完全修飾ドメイン名の作成」を参考にしてください。https://azure.microsoft.com/ja-jp/documentation/articles/virtual-machines-create-fqdn-on-portal/

接続しようとしたホストが、Tera Termのデータベースに登録されていないと、図5.2.33のようなセキュリティ警告ダイアログが表示されます。これから何度も作業のためにログインしますので、下の「□このホストをknown hostsリストに追加する（A）」にチェックを入れておきましょう。最後に［続行（C）］をクリックします。

図5.2.33　セキュリティ警告ダイアログ

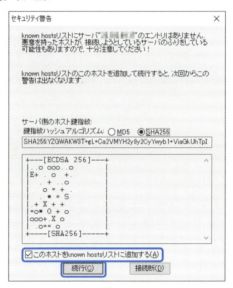

SSH認証ダイアログが表示されますので、SSHパスワードの認証をします。Microsoft Azureポータルで設定したユーザ名とパスワードをここで入力します（図5.2.34）。

図5.2.34　SSH認証ダイアログ

複数のウィンドウやタブを開くときに、何度もパスワードを聞かれるのが面倒なら「☐パスワードをメモリ上に記憶する(M)」にチェックを入れておけば、パスワード入力が省略できて便利です。ただ、ここにチェックを入れても、Tera Termが起動している間しかパスワードは保持されていないので、次回起動時には改めてパスワードを聞かれることになります。

SSH認証ダイアログで［OK］ボタンを押して、図5.2.35のような画面が表示されればログイン成功です。

Tera TermのSSH認証ダイアログが出ているのに、ログインに失敗したら、ユーザ名とパスワードに問題があります。再確認してもう一度試してみてください。

図5.2.35　ログイン画面

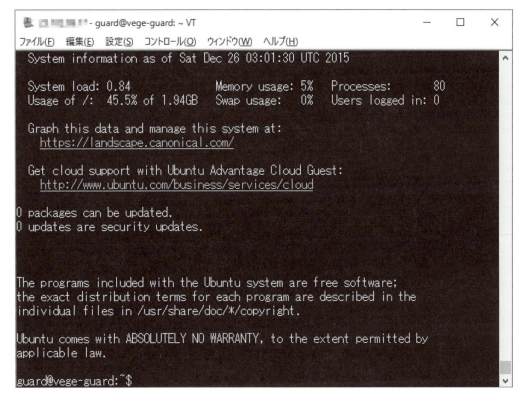

5.2.3 ▶ Pythonの言語環境を確認する

今回使用する主たるプログラミング言語Pythonの環境を確認します。たいていのLinuxディストリビューションには最初からPythonが入っています。バージョンなどを確認しましょう。

Azure上のUbuntu Linux仮想マシンに接続したTera Termのコマンドラインに入力して確認していきます。

【1】バージョンの確認

「guard@vege-guard:~$」のプロンプトに続いて、下線部のように入力してください。

```
 1  guard@vege-guard:~$ python --version
 2  Python 2.7.6
 3  guard@vege-guard:~$ python2 --version
 4  Python 2.7.6
 5  guard@vege-guard:~$ python3 --version
 6  Python 3.4.3
 7  guard@vege-guard:~$ apt search opencv 2>/dev/null | grep –i python
 8  python-opencv/trusty 2.4.8+dfsg1-2ubuntu1 amd64
 9      Python bindings for the computer vision library
10  guard@vege-guard:~$ apt show python-opencv
11  Package: python-opencv
12  Source: opencv
13  Version: 2.4.8+dfsg1-2ubuntu1
14  Provides: python2.7-opencv
15  Depends: python (>= 2.7), python (<< 2.8),…
16  Description: Python bindings for the computer vision library
17  (出力が多いので省略しています)
18  guard@vege-guard:~$
```

現在一般的に利用されているPythonには2.xと3.xの2つの系列があります。インストールしたUbuntu Linuxには2.7.6と3.4.3の両方のPythonがインストールされており、pythonと叩いて起動されるデフォルトはPython2の方です。

また、Ubuntu Linuxのソフトウェアパッケージ管理システムでインストール可能なPythonとOpenCVを接続するライブラリはOpenCV2.4.8ベースのもので、Python2.7専用でしたので、今回はPython2を利用することにします。

【2】モジュールの確認と、追加モジュールのインストール

インタラクティブモードでPythonを起動し、必要なモジュールが含まれているかどうかを確認してみましょう。

次に示す下線部の通り、コマンドラインに入力してみてください。

```
 1  guard@vege-guard:~$ python
 2  Python 2.7.6 (default, Jun 22 2015, 17:58:13)
 3  [GCC 4.8.2] on linux2
 4  Type "help", "copyright", "credits" or "license" for more information.
 5  >>> import requests
 6  >>> import json
 7  >>> import sys
 8  >>> import os
 9  >>> import flask
10  Traceback (most recent call last):
11      File "<stdin>", line 1, in <module>
12  ImportError: No module named flask
13  >>> import cv
14  Traceback (most recent call last):
15      File "<stdin>", line 1, in <module>
16  ImportError: No module named cv
17  >>> import cv2
18  Traceback (most recent call last):
19      File "<stdin>", line 1, in <module>
20  ImportError: No module named cv2
21  >>>   ([CTRL] + [D] を入力)
22  guard@vege-guard:~$ pip
23  The program 'pip' is currently not installed. You can install it by typing:
24  sudo apt-get install python-pip
25  guard@vege-guard:~$ opencv_traincascade
26  The program 'opencv_traincascade' is currently not installed. You can install it by typing:
27  sudo apt-get install libopencv-dev
28  guard@vege-guard:~$
```

Pythonのimport文は、Pythonにパッケージモジュールを読み込んで追加の機能を使用可能にします。flask, cv, cv2の3つはimportの後にエラーが出て失敗しました。これはパッケージがインストールされていないことを意味します。

Pythonにモジュールを追加するためのpipコマンドや、OpenCVで認識エンジンをトレーニングするためのopencv_traincascadeコマンドもインストールされていません。順にインストールして追加しましょう。

pipが存在しない場合は、まずpipコマンドをインストールします。また下線部のように入力してください。python-pipは多数のパッケージに依存するため、インストールが完了まで2〜3分かかることがあります。

```
 1  guard@vege-guard:~$ sudo apt-get install python-pip
 2  Reading package lists... Done
 3  Building dependency tree
 4  Reading state information... Done
```

5.2　開発環境の準備　　123

```
 5  The following extra packages will be installed:
 6      binutils build-essential cpp cpp-4.8 dpkg-dev fakeroot g++ g++-4.8 gcc
 7      gcc-4.8 libalgorithm-diff-perl libalgorithm-diff-xs-perl
 8  （中略）
 9  0 upgraded, 49 newly installed, 0 to remove and 1 not upgraded.
10  Need to get 38.0 MB of archives.
11  After this operation, 116 MB of additional disk space will be used.
12  Do you want to continue? [Y/n]  （[Enter]を入力）
13  Get:1 http://azure.archive.ubuntu.com/ubuntu/ trusty-updates/main libasan0 amd64
    4.8.4-2ubuntu1~14.04 [63.0 kB]
14  （中略）
15  Setting up python-pip (1.5.4-1ubuntu3) ...
16  Setting up python-wheel (0.24.0-1~ubuntu1) ...
17  Processing triggers for libc-bin (2.19-0ubuntu6.6) ...
18  guard@vege-guard:~$
```

後で導入するWebフレームワークFlaskは、Pythonの開発者パッケージが入った環境でインストールすると、高速化機能が使えるようになるので先に開発パッケージを導入します。次のように入力します。

```
 1  guard@vege-guard:~$ sudo apt-get install python-dev
 2  Reading package lists... Done
 3  Building dependency tree
 4  Reading state information... Done
 5  The following extra packages will be installed:
 6      libpython-dev libpython2.7-dev python2.7-dev
 7  The following NEW packages will be installed:
 8      libpython-dev libpython2.7-dev python-dev python2.7-dev
 9  0 upgraded, 4 newly installed, 0 to remove and 103 not upgraded.
10  Need to get 22.3 MB of archives.
11  After this operation, 34.2 MB of additional disk space will be used.
12  Do you want to continue? [Y/n] （[Enter]を入力）
13  Get:1 http://azure.archive.ubuntu.com/ubuntu/ trusty-updates/main libpython2.7-dev
    amd64 2.7.6-8ubuntu0.2 [22.0 MB]
14  Get:2 http://azure.archive.ubuntu.com/ubuntu/ trusty/main libpython-dev amd64
    2.7.5-5ubuntu3 [7,078 B]
15  Get:3 http://azure.archive.ubuntu.com/ubuntu/ trusty-updates/main python2.7-dev amd64
    2.7.6-8ubuntu0.2 [269 kB]
16  Get:4 http://azure.archive.ubuntu.com/ubuntu/ trusty/main python-dev amd64
    2.7.5-5ubuntu3 [1,166 B]
17  Fetched 22.3 MB in 2s (9,050 kB/s)
18  Selecting previously unselected package libpython2.7-dev:amd64.
19  (Reading database ... 59299 files and directories currently installed.)
20  Preparing to unpack .../libpython2.7-dev_2.7.6-8ubuntu0.2_amd64.deb ...
21  Unpacking libpython2.7-dev:amd64 (2.7.6-8ubuntu0.2) ...
```

```
22  Selecting previously unselected package libpython-dev:amd64.
23  Preparing to unpack .../libpython-dev_2.7.5-5ubuntu3_amd64.deb ...
24  Unpacking libpython-dev:amd64 (2.7.5-5ubuntu3) ...
25  Selecting previously unselected package python2.7-dev.
26  Preparing to unpack .../python2.7-dev_2.7.6-8ubuntu0.2_amd64.deb ...
27  Unpacking python2.7-dev (2.7.6-8ubuntu0.2) ...
28  Selecting previously unselected package python-dev.
29  Preparing to unpack .../python-dev_2.7.5-5ubuntu3_amd64.deb ...
30  Unpacking python-dev (2.7.5-5ubuntu3) ...
31  Processing triggers for man-db (2.6.7.1-1ubuntu1) ...
32  Setting up libpython2.7-dev:amd64 (2.7.6-8ubuntu0.2) ...
33  Setting up libpython-dev:amd64 (2.7.5-5ubuntu3) ...
34  Setting up python2.7-dev (2.7.6-8ubuntu0.2) ...
35  Setting up python-dev (2.7.5-5ubuntu3) ...
36  guard@vege-guard:~$
```

すでに開発者パッケージがインストール済みの場合は、次のように表示され、特になにも起こりません。

```
1  guard@vege-guard:~$ sudo apt-get install python-dev
2  Reading package lists... Done
3  Building dependency tree
4  Reading state information... Done
5  python-dev is already the newest version.
6  0 upgraded, 0 newly installed, 0 to remove and 103 not upgraded.
7  guard@vege-guard:~$
```

Flaskをpipコマンドでインストールします。

```
1   guard@vege-guard:~$ sudo pip install Flask
2   Downloading/unpacking Flask
3       Downloading Flask-0.10.1.tar.gz (544kB): 544kB downloaded
4       Running setup.py (path:/tmp/pip_build_root/Flask/setup.py) egg_info for package Flask
5
6           warning: no files found matching '*' under directory 'tests'
7           warning: no previously-included files matching '*.pyc' found under directory 'docs'
8   (中略)
9           no previously-included directories found matching 'docs/_themes/.git'
10  Downloading/unpacking Werkzeug>=0.7 (from Flask)
11      Downloading Werkzeug-0.11.4-py2.py3-none-any.whl (305kB): 305kB downloaded
12  Downloading/unpacking Jinja2>=2.4 (from Flask)
13      Downloading Jinja2-2.8-py2.py3-none-any.whl (263kB): 263kB downloaded
14  Downloading/unpacking itsdangerous>=0.21 (from Flask)
15      Downloading itsdangerous-0.24.tar.gz (46kB): 46kB downloaded
```

5.2 開発環境の準備   125

```
16  Running setup.py (path:/tmp/pip_build_root/itsdangerous/setup.py) egg_info for
    package itsdangerous
17
18      warning: no previously-included files matching '*' found under directory 'docs/_build'
19  Downloading/unpacking MarkupSafe (from Jinja2>=2.4->Flask)
20      Downloading MarkupSafe-0.23.tar.gz
21      Running setup.py (path:/tmp/pip_build_root/MarkupSafe/setup.py) egg_info for package
    MarkupSafe
22
23  Installing collected packages: Flask, Werkzeug, Jinja2, itsdangerous, MarkupSafe
24      Running setup.py install for Flask
25
26          warning: no files found matching '*' under directory 'tests'
27  （中略）
28          no previously-included directories found matching 'docs/_themes/.git'
29      Running setup.py install for itsdangerous
30
31          warning: no previously-included files matching '*' found under directory 'docs/_build'
32      Running setup.py install for MarkupSafe
33
34          building 'markupsafe._speedups' extension
35          x86_64-linux-gnu-gcc -pthread -fno-strict-aliasing -DNDEBUG -g -fwrapv -O2 -Wall
            -Wstrict-prototypes -fPIC -I/usr/include/python2.7 -c markupsafe/_speedups.c -o
            build/temp.linux-x86_64-2.7/markupsafe/_speedups.o
36          x86_64-linux-gnu-gcc -pthread -shared -Wl,-O1 -Wl,-Bsymbolic-functions -Wl,-
            Bsymbolic-functions -Wl,-z,relro -fno-strict-aliasing -DNDEBUG -g -fwrapv -O2 -Wall
            -Wstrict-prototypes -D_FORTIFY_SOURCE=2 -g -fstack-protector --param=ssp-buffer-
            size=4 -Wformat -Werror=format-security build/temp.linux-x86_64-2.7/markupsafe/_
            speedups.o -o build/lib.linux-x86_64-2.7/markupsafe/_speedups.so
37  Successfully installed Flask Werkzeug Jinja2 itsdangerous MarkupSafe
38  Cleaning up...
39  guard@vege-guard:~$
```

　途中でWarningがいくつか出ますが、最後に「Successfully installed Flask Werkzeug Jinja2 itsdangerous MarkupSafe」と出力されていれば問題ありません。

　ここで、Werkzeug、Jinja2、itsdangerous、MarkupSafeは、Flaskの動作に必要な依存関係のあるパッケージで、pipが自動的にインストールします。

【3】OpenCV関連パッケージのインストール

　次に、OpenCV関連をまとめて導入してしまいましょう。多くの動作で依存関係があり、非常にたくさんのパッケージがインストールされます。筆者の環境では6分ほどかかりました。コマンドラインに、次の下線部のように入力してください。

```
 1  guard@vege-guard:~$ sudo apt-get install libopencv-dev python-opencv
 2  Reading package lists... Done
 3  Building dependency tree
 4  Reading state information... Done
 5  The following extra packages will be installed:
 6      cpp-4.8 debhelper dh-apparmor fontconfig fontconfig-config fonts-dejavu-core
 7  （中略）
 8      xorg-sgml-doctools xtrans-dev zlib1g-dev
 9  Suggested packages:
10      gcc-4.8-locales dh-make apparmor-easyprof g++-4.8-multilib gcc-4.8-doc
11  （中略）
12      python-nose python-numpy-dbg python-numpy-doc
13  The following NEW packages will be installed:
14      debhelper dh-apparmor fontconfig fontconfig-config fonts-dejavu-core gettext
15  （中略）
16      xorg-sgml-doctools xtrans-dev zlib1g-dev
17  The following packages will be upgraded:
18      cpp-4.8 g++-4.8 gcc-4.8 gcc-4.8-base libasan0 libatomic1 libgcc-4.8-dev
19      libgomp1 libitm1 libpng12-0 libquadmath0 libstdc++-4.8-dev libstdc++6
20      libtsan0
21  14 upgraded, 227 newly installed, 0 to remove and 92 not upgraded.
22  Need to get 90.1 MB of archives.
23  After this operation, 298 MB of additional disk space will be used.
24  Do you want to continue? [Y/n] ([Enter] を入力)
25  Get:1 http://azure.archive.ubuntu.com/ubuntu/ trusty-updates/main libitm1 amd64
       4.8.4-2ubuntu1~14.04.1 [28.5 kB]
26  （中略）
27  Get:241 http://azure.archive.ubuntu.com/ubuntu/ trusty/universe python-opencv amd64
       2.4.8+dfsg1-2ubuntu1 [327 kB]
28  Fetched 90.1 MB in 25s (3,508 kB/s)
29  Extracting templates from packages: 100%
30  Preconfiguring packages ...
31  (Reading database ... 59435 files and directories currently installed.)
32  Preparing to unpack .../libitm1_4.8.4-2ubuntu1~14.04.1_amd64.deb ...
33  Unpacking libitm1:amd64 (4.8.4-2ubuntu1~14.04.1) over (4.8.4-2ubuntu1~14.04) ...
34  （中略）
35  Preparing to unpack .../python-opencv_2.4.8+dfsg1-2ubuntu1_amd64.deb ...
36  Unpacking python-opencv (2.4.8+dfsg1-2ubuntu1) ...
37  Processing triggers for man-db (2.6.7.1-1ubuntu1) ...
38  Processing triggers for ureadahead (0.100.0-16) ...
39  Processing triggers for install-info (5.2.0.dfsg.1-2) ...
40  Processing triggers for libglib2.0-0:amd64 (2.40.2-0ubuntu1) ...
41  No schema files found: doing nothing.
42  Setting up libitm1:amd64 (4.8.4-2ubuntu1~14.04.1) ...
43  （中略）
44  Setting up libopencv-dev (2.4.8+dfsg1-2ubuntu1) ...
45  Setting up python-opencv (2.4.8+dfsg1-2ubuntu1) ...
```

5.2　開発環境の準備　　127

```
46  Processing triggers for libc-bin (2.19-0ubuntu6.6) ...
47  guard@vege-guard:~$
```

【4】Pythonの動作確認

最後に、Pythonの動作確認をします。次のように入力します。

```
 1  guard@vege-guard:~$ python
 2  Python 2.7.6 (default, Jun 22 2015, 17:58:13)
 3  [GCC 4.8.2] on linux2
 4  Type "help", "copyright", "credits" or "license" for more information.
 5  >>> import cv2
 6  libdc1394 error: Failed to initialize libdc1394
 7  >>> ([CTRL] + [D] を入力)
 8  guard@vege-guard:~$ sudo ln /dev/null /dev/raw1394
 9  guard@vege-guard:~$ python
10  Python 2.7.6 (default, Jun 22 2015, 17:58:13)
11  [GCC 4.8.2] on linux2
12  Type "help", "copyright", "credits" or "license" for more information.
13  >>> import cv2
14  >>> ([CTRL] + [D] を入力)
15  guard@vege-guard:~$
```

Pythonでcv2をimportすると、importそのものは成功していますが、libdc1394のエラーが出ています。インストールしたPythonのOpenCVパッケージがIEEE1394デバイスを使用する設定でコンパイルされているのに、Microsoft Azureクラウド上のUbuntu Linux仮想マシンにはIEEE1394デバイスが存在しないためです。

単なる警告メッセージなので無視してもいいのですが、実行するたび毎回出るのも気になるので、lnコマンドでnullデバイスをIEEE1394デバイスの別名にして回避します[8]。

---

8 場当たり的なバッドノウハウです。気になる方は、正攻法である「IEEE1394を使わないオプションを指定してソースコードからコンパイル」に挑戦してみてください。

5.3 「教師データ」用初期画像の収集

5.3.1 Bing APIのアクセスキーを取得する

　機械学習においては基本的に、「教師データ」が多ければ多いほど、正解率が向上します。本書で作る害鳥検出システムのような画像検出処理では、少なくとも数百枚以上の画像が必要です。

　4章で作成した仕組みを応用すれば、実際の現場で人感センサーが反応したときの画像を収集することができて理想的ですが、画像検出モデル作成に必要な量の画像が集まるまでの間は、害鳥による被害が野放しになってしまいます。そこで、検索エンジンを使って画像を収集し、あらかじめ初動「教師データ」を作成することにします。

　Microsoft Bing検索エンジンはAPIが公開されており、利用登録をすれば、1か月当たり1,000トランザクションまでは無料で検索を実行することができます。この検索エンジンを使って「教師データ」を作成していきましょう。

　まず、https://www.microsoft.com/cognitive-services/ にアクセスしてください。ここがCognitive Services APIのポータルです（図5.3.1）。「Docs+Help」の所にリファレンスなどのドキュメントがまとまっていますので、詳しい使い方を見たい方はここを調べてください。

図5.3.1　MicrosoftのCognitive Servicesサイト

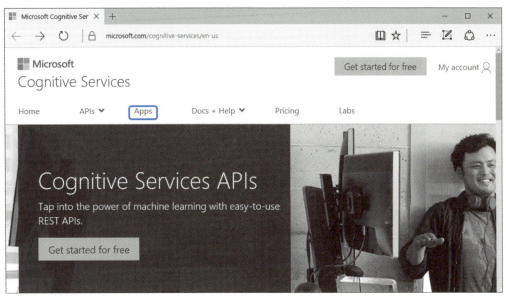

「APIs」タブをクリックすると、APIの一覧が表示されます。ここからBing Image Searchを探しクリックします（図5.3.2）。

図5.3.2　APIの一覧

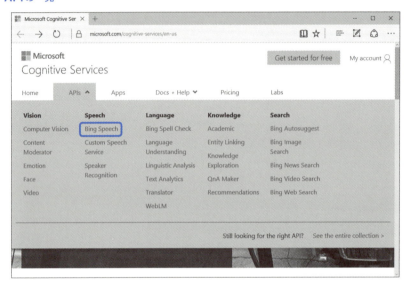

表示されたBing Image Search API画面（図5.3.3）で「Get started for free」を選択すると、サインアップ用の画面が表示されます（図5.3.4）。

図5.3.3　Bing Image Search API画面

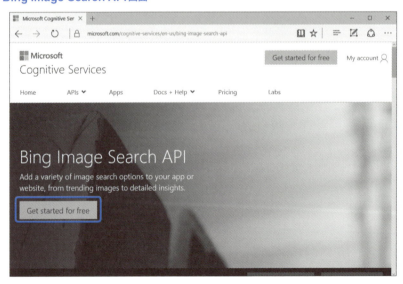

図5.3.4　サインアップ画面

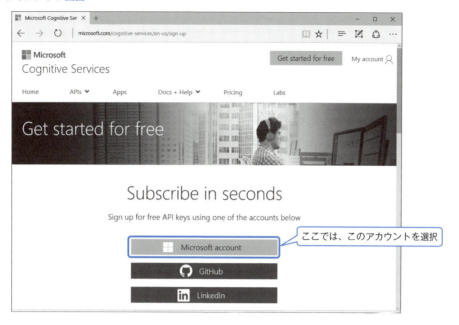

　このサインアップ画面では、さまざまなアカウントを用いてサインアップすることができます。ここではMicrosoft accountでのサインアップ例を紹介します。自分のMicrosoftアカウントでサインインします（図5.3.5）。アカウント名を入力して「次へ」をクリックします。すると、パスワード入力を求められます（図5.3.6）。

図5.3.5　サインアップ画面

5.3　「教師データ」用初期画像の収集　　131

図5.3.6　パスワードの入力

　正しいパスワードを入力すると、Cognitive Siteが自動サインインと、電子メールへのアクセスを求めてきます（図5.3.7）。API利用のためにはいずれも許可が必要ですので「はい」をクリックしてください。

図5.3.7　Cognitive Siteによるユーザー情報へのアクセス許諾画面

図5.3.8のような画面になれば、仮登録は完了です。メールアドレスの横に「unverified」（未確認）と出て、メールアドレスの本人確認ができてない状態を表しています。

図5.3.8　仮登録画面

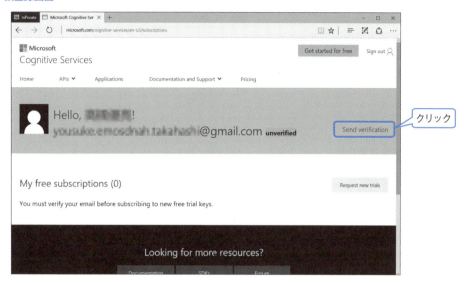

　ここでは画面右にある「Send verification」をクリックしてください。確認メールが送信されます（図5.3.9）。「Email has been sent successfully.」と出たらメールを確認してください。

図5.3.9　確認メール送信の表示

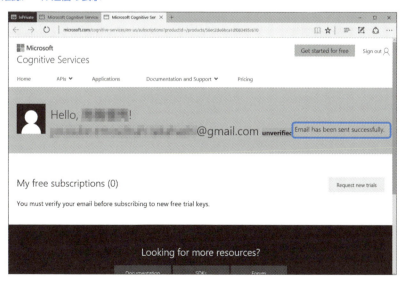

cogsup@microsoft.com から「Verifiation E-Mail」というタイトルのメールが来ました（図5.3.10）。メールに含まれるリンクをクリックすると、メールアドレスの確認が完了します（図5.3.11）。

図5.3.10　確認メール受信画面

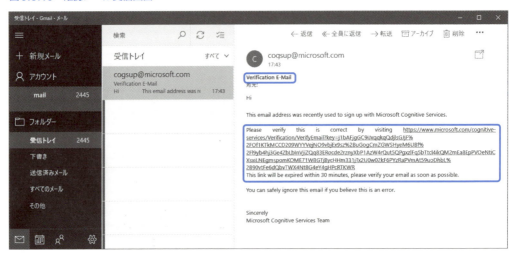

図5.3.11　メールアドレスが確認され本登録完了

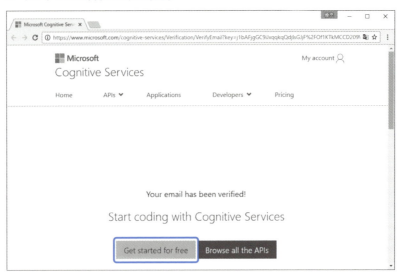

これで本登録となり、APIを使用することができるようになりました。「Get started for free」をクリックします。API選択のトップページ（図5.3.12）が表示されたら、無料お試し利用するAPIを選択します。

図5.3.12　API選択のトップページ

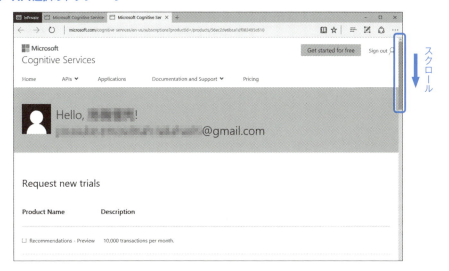

　画面をスクロールして「Bing Search-Free」を探しチェックを入れ、「Subscribe」をクリックしてください（図5.3.13）。

図5.3.13　利用するAPI「Bing Search-Free」が表示されているページ

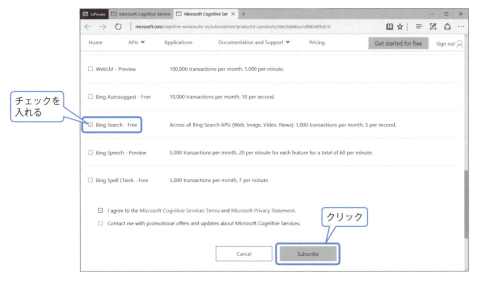

「Subscribe」をクリックすると、「Bing Search-Free」のサブスクリプションが表示されます（図5.3.14）。「Keys」の所に、API使用の際に認証に使われるアクセスキーがKey 1とKey 2の2つ出ています。これらKey 1とKey 2の機能は同じです。

図5.3.14 「Bing Search-Free」のサブスクリプション

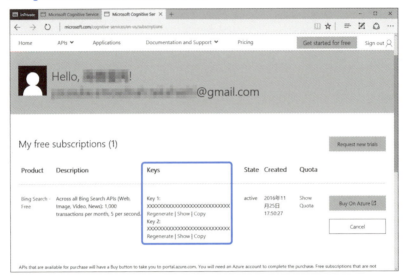

セキュリティのため、アクセスキーはすべて「XXXXXX」と表示されています。実際のキーを表示するときは「Show」をクリックしてください。クリップボードにコピーするときは「Copy」のリンクをクリックします。

このあと、キーを使いますので、いずれかのキーを、コピーしてメモ帳などに貼り付けておくか、メモしておいてください。

キーが漏えいした場合など、何らかの理由で現在のキーを無効化して新しいキーを作りたいときは「Regenerate」のリンクをクリックします。

5.3.2 初期画像を収集する

「教師データ」の作成にあたり、キーワードにマッチする画像のURLを収集するためのプログラムを作成します。このプログラムは3つのファイルから構成されます（表5.3.1）。

表5.3.1　検索語にマッチする画像のURL収集プログラムファイル

ファイル名	機　能
accesskey.py	Microsoft Bing APIへのアクセスキーを格納する
collectimageurls.py	検索語にマッチする画像のURLの一覧を取得する
saveimages.py	collectimageurls.pyで得られたURLから画像をダウンロードする

すべてのコードはPython2.7でも3.xでもそのまま動くように作ってあります。画像のダウンロードを行うsaveimages.pyもPythonで記述しているので、Windows環境などでもそのまま動かすことができます。

では、それぞれのファイルについて説明していきましょう。

【1】 Microsoft Bing APIへのアクセスキーを格納するaccesskey.py

```
1   # Microsoft Bing Search API access key
2   KEY = 'ここにアクセスキーを入力してください'
```

accesskey.pyは認証情報を保持するためのファイルです。KEYという変数に代入する値は、前項で作ったBing Search APIのキーの文字列を指定します。この文字列には空白は含まれないので、コピー＆ペーストなどで貼り付けたときに、文字列の前後に空白が入っているときは取り除いてください。

【2】 検索語にマッチする画像のURL一覧を取得するcollectimageurls.py

```
1   #!/usr/bin/env python
2   # coding: utf-8
3
4   from __future__ import print_function
5   import requests, json, sys
6   import accesskey
7   # Suppress TLS/SSL warnings of urllib
8   import requests.packages.urllib3
9   requests.packages.urllib3.disable_warnings()
10
11  BING_API = 'https://api.cognitive.microsoft.com/bing/v5.0/images/search'
```

5.3　「教師データ」用初期画像の収集　　137

```python
12  BING_SKIP = 150
13
14  def collect_image_urls(word, key, offset = 0, urls = []):
15      params = {
16          'q': "'%s'" % word,
17          'safeSearch': 'Strict',
18          'count': BING_SKIP,
19      }
20      headers = {
21          'Ocp-Apim-Subscription-Key': key
22      }
23      if offset:
24          params.update({'offset': str(offset)})
25
26      results = requests.get(
27          BING_API,
28          params = params,
29          headers = headers
30      ).json()
31
32      total = results['totalEstimatedMatches']
33
34      for result in results['value']:
35          if result['encodingFormat'] == 'jpeg':
36              urls.append(result['contentUrl'])
37
38      offset += BING_SKIP + results['nextOffsetAddCount']
39      if offset < results['totalEstimatedMatches']:
40          return collect_image_urls(
41                  word,
42                  key,
43                  offset = offset,
44                  urls = urls
45          )
46      else:
47          return urls
48
49  if __name__ == '__main__':
50      if len(sys.argv) != 2:
51          print("usage: ", sys.argv[0], "<search keyword>", file = sys.stderr)
52          quit()
53
54      word = sys.argv[1]
55
56      urls = collect_image_urls(word, accesskey.KEY)
57      for url in urls:
58          try:
```

```
59          print (url)
60      except:
61          pass
```

collectimageurls.pyでは、collect_image_urlsという関数を定義しています。この関数は画像検索APIにキーワードを渡して、検索結果のURLを配列として返します。Microsoft Cognitive Services Bing Image Search APIの使い方についての詳細は以下のドキュメントを参照してください。

- Image Search API Guide
  https://msdn.microsoft.com/en-us/library/dn760784.aspx
- Image Search API References
  https://msdn.microsoft.com/en-us/library/dn760791.aspx

与えられた検索語に関連する画像を、アダルト系の情報を除外して検索します。検索結果はJSON形式で戻ります。また、検索結果は1回の問い合わせ当たり最大150件までに制限されているので、それ以上の件数のデータがある場合は、問い合わせを繰り返してすべての結果を得て、Pythonの配列として戻します。

プログラムとして起動すると、49行からのメインルーチンで、コマンドライン引数に受け取った検索語で画像検索を実行し、見つかったURLをすべて標準出力に出力します。

この処理を実行する59行のprint()がtry～exceptに囲われているのは、検索結果のURLにPythonのUnicode変換処理で例外を引き起こすような文字が含まれる可能性があるためです。例外が発生した場合は、そのURLを単純に無視してスキップします。

【3】得られたURLから画像をダウンロードするsaveimages.py

```
1   #!/usr/bin/env python
2   # coding: utf-8
3
4   from __future__ import print_function
5   import requests, json, sys, os
6   from datetime import datetime as dt
7   from collectimageurls import collect_image_urls
8   import accesskey
9
10  def save_images(urls, directory):
11      total = len(urls)
12      count = 0
```

5.3 「教師データ」用初期画像の収集　　139

```python
13      for url in urls:
14          try:
15              filename = dt.now().strftime('%Y%m%d-%H%M%S-%f') + '.jpg'
16              image = requests.get(url, timeout = 5).content # download image...
17              f = open(os.path.join(directory, filename), 'wb')
18              f.write(image)
19              f.close()
20              count += 1
21              print(" Succeeded(", count, "/", total, "):", filename)
22          except:
23              print(" Failed:", url)
24              pass
25
26  if __name__ == '__main__':
27      if len(sys.argv) != 3:
28          print(
29              "usage: ", sys.argv[0], "<search word> <dir path to save images>",
30              file = sys.stderr
31          )
32          quit()
33
34      word = sys.argv[1]
35      directory = sys.argv[2]
36
37      if not os.path.isdir(directory) or not os.access(directory, os.W_OK):
38          print(
39              "Direcory", directory, "not found or not writable.",
40              file = sys.stderr
41          )
42          quit()
43
44      print("Collecting image URLs of: ", word)
45      urls = collect_image_urls(word, accesskey.KEY)
46      print(len(urls), "URLs found.");
47
48      print("Start downloading images...");
49      save_images(urls, directory)
50      print("Done.");
```

　saveimage.pyは、前出のcollect_image_urls関数を呼び出して画像のURLを収集し、1つひとつのURLから、実際に画像のデータをダウンロードして、現在時刻をもとに作ったファイル名を付けて保存します。

　実際にダウンロードを行っているのは16行目、save_images関数の中の

```
image = requests.get(url, timeout = 5).content
```

140　　5章 ● プラットフォーム層の実装

の部分です。requests.getは、その名のとおりurlで指定されたURLに向けて、HTTPのGETリクエストを実行し、サーバからの応答データを返します。timeoutはリクエスト完了までの待ち時間を秒数で指定します。指定された時間内でリクエストが終了しない場合は、例外が発生します。

多数の画像をダウンロードすると、中には非常に動作の遅いWebサーバに行き当たることがあります。こうしたサーバがあると、画像収集がなかなか完了しないので、5秒待ってデータが来ないならタイムアウトするようにしています。タイムアウトすると「Failed: <URL>」と表示されて、次のURLへと処理がスキップされます。

ネットワーク環境や検索結果によっては、現在設定されているタイムアウト5秒では例外が多発して、集まる画像が不足するかもしれません。その場合は値を大きくしてみてください。

● saveimages.pyの使い方

```
./saveimages.py <検索キーワード> <画像保存ディレクトリ>
```

Column ソースコードの入力方法

accesskey.py、collectimageurls.py、saveimage.pyの3つのファイルを作るのには、どんな方法を使ってもかまいません。今回使用したUbuntu Linuxには代表的なviクローンのvimがインストールされているのでそれを使うのが一番素直ですが、viを使ったことがない方のために、collectimageurls.pyファイルを例にとり、viを使う以外の方法をいくつか紹介します。

● Ubuntu Linuxにはnanoというシンプルなテキストエディタが入っています。以下のように起動して、ソースコードを入力します。操作はWindowsのメモ帳とそれほど変わりません。入力が終わったら[CTRL]+[X]を押して終了します。ファイルを保存するか聞いてきますので保存してください。

```
guard@vege-guard:~$ nano collectimageurls.py
```

● Tera Termを動かしているWindowsマシン上のメモ帳（ほかのテキストエディタやMS-Wordでもかまいません）でソースコードを作成し、[CTRL]+[A]（全文選択）、[CTRL]+[C]（選択範囲をクリップボードにコピー）と続けて入力し、ソースコード全体をクリップボードにコピーしておきます。

Tera Termに表示されたLinuxのコマンドラインに次のように入力します。カーソルが入力した行の下で点滅しているのを確認したら、Tera Termのウィンドウ内でマウスを右クリックします。

```
guard@vege-guard:~$ cat > collectimageurls.py
■←ここにカーソルがある状態でマウスを右クリック
```

すると、Tera Termの張り付け確認のダイアログが出て[OK]をクリックするとソースコードがキーボードから入力されたように流し込まれます。

5.3 「教師データ」用初期画像の収集 141

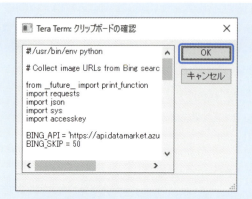

　貼り付けられたら、[Enter]を一度叩いてカーソルを行頭に置いた状態で[CTRL]+[D]を入力してください。再びプロンプトが出て、ファイルができているはずです。

```
        save_images(urls, directory)   ┐
        print("Done.");                ├ 張り付けられたテキスト
■←ここにカーソルがある状態で[CTRL]+[D]を入力します
guard@vege-guard:~$
```

● 本書のソースコードを公開しているWebサイトからダウンロードします。wgetコマンドの後にURLを指定します。ファイル名と対応するURLは巻末のファイル索引を参照してください。

```
guard@vege-guard:~$ wget http://www.example.com/saveimages.py
--2016-02-29 05:35:20--  http://www.example.com/
Resolving www.example.com (www.example.co.jp)... 0.0.0.0
Connecting to www.exmple.com (www.example.com)|0.0.0.0|:80... connected.
HTTP request sent, awaiting response... 200 OK
Length: 1330 (1K) [text/plain]
Saving to: 'saveimages.py'

100%[============================>] 1,330       --.-K/s   in 0.005s

2016-2-29 05:35:20 (4.05 MB/s) - 'saveimages.py' saved [1330/1330]
guard@vege-guard:~$
```

【4】初期画像収集プログラムを実行する

　初期画像を収集する3つのソースコードの入力が完了したらファイルを実行可能に設定します。accesskey.pyはほかのファイルに読み込まれるだけで直接実行されないので、実行可能に設定する必要はありません。

　画像格納用のディレクトリを作成し、画像を収集します。手始めに害鳥として鳩を選んで画像収集してみます。画像の保存先は今後のことを考えて、ホームディレクトリから2階層下に新し

いディレクトリstatic/imagesを作成して利用します。検索語は「pigeon」と「鳩」でそれぞれ収集を
実行します。

```
 1  guard@vege-guard:~$ chmod u+x collectimageurls.py saveimages.py
 2  guard@vege-guard:~$ mkdir -p static/images
 3  guard@vege-guard:~$ ./saveimages.py pigeon static/images
 4  Collecting image URLs of:  pigeon
 5  719 URLs found.
 6  Start downloading images...
 7      Succeeded( 1 / 719 ): 20161109-205038-005368.jpg
 8      Succeeded( 2 / 719 ): 20161109-205039-071021.jpg
 9      Succeeded( 3 / 719 ): 20161109-205040-915938.jpg
10      (中略)
11      Succeeded( 52 / 719 ): 20161109-205145-084694.jpg
12      Failed: http://www.bing.com/cr?r=http%3a%2f%2fpig%2fImgs%2fpigeon-bizet.jpg
13      Succeeded( 53 / 719 ): 20161109-205146-174855.jpg
14      (中略)
15      Succeeded( 698 / 719 ): 20161109-213305-837143.jpg
16      Succeeded( 699 / 719 ): 20161109-213306-664842.jpg
17  Done.
18  guard@vege-guard:~$ ./saveimages.py '鳩' static/images
19  Collecting image URLs of:  鳩
20  939 URLs found.
21  Start downloading images...
22      Succeeded( 1 / 939 ): 20161109-213354-917599.jpg
23      Failed: https://www.bing.com/cr?r=http%3a%2f%2faa%2f22pict-1.jpg
24      Succeeded( 2 / 939 ): 20161109-213354-461884.jpg
25      (中略)
26      Succeeded( 914 / 939 ): 20161109-230438-165095.jpg
27      Succeeded( 915 / 939 ): 20161109-230438-403571.jpg
28  Done.
29  guard@vege-guard:~$ ls -1 static/images | wc -l
30  1614
31  guard@vege-guard:~$
```

「pigeon」と「鳩」とそれぞれで収集したところ、筆者の環境では執筆時点でそれぞれ719件と
939件のURLが見つかりました。ダウンロードのエラーもあり、実際に収集されたファイルは合
計で1614でした。

なお、saveimages.pyが内部で利用しているcollectimageurls.pyは、単体で実行することも可
能で、実行すると検索結果のURL一覧を標準出力に書き出します。

● collectimageurls.pyの使い方

```
./collectimageurls.py <検索キーワード>
```

5.3　「教師データ」用初期画像の収集　　143

5.4 アノテーションデータベースの作成

5.4.1 アノテーションデータベース更新プログラムを作成する

本書で作ろうとしている害鳥検出システムにおける「教師データ」の基本的な構成要素は、

1. 画像ファイル
2. アノテーション情報(その画像に検出対象が写っているか、いるならどこに写っているか)

の2つを結び付けてセットにしたものです。

この2つの結びつきを管理するために、リレーショナルデータベース管理システム（RDBMS）を使用します。RDBMSにはMicrosoft SQL Server、Oracle、PostgreSQLやMySQLといった高機能かつ有名なものがいろいろありますが、本システムでは、データ構造や操作に複雑なものがないので、Pythonに標準搭載されているSQLite3というRDBMSを使用します。

では、画像とアノテーション情報の結び付きを格納するデータベースを作成しましょう。それには以下に示すupdateimagedb.pyを使用します。これまでのソースコードを入力したときと同じように、以下のプログラムを入力し、updateimagedb.pyという名前で保存します。

【1】画像とアノテーション情報の格納データベースプログラム updateimagedb.py

```
1   #!/usr/bin/env python
2   # coding: utf-8
3
4   from __future__ import print_function
5   import sys, os, time, sqlite3
6
7   def update_image_db(db_file, directory):
8       db = sqlite3.connect(db_file)
9       db.isolation_level = "EXCLUSIVE"
10      db.text_factory = str
11      c = db.cursor()
12      c.execute('''CREATE TABLE IF NOT EXISTS image (
13          id          INTEGER PRIMARY KEY AUTOINCREMENT,
14          fileName    TEXT UNIQUE NOT NULL,
15          mtime       REAL,
16          editor      TEXT,
17          isEditing   INTEGER,
18          annotation TEXT)'''
```

```
19      )
20
21      inserted = discarded = preserved = 0
22
23      c.execute('BEGIN')
24
25      # 事前にすべてのisEditingを1にセットしておきます
26      c.execute('UPDATE image SET isEditing=1')
27
28      for file_name in os.listdir(directory):
29          path = os.path.join(directory, file_name)
30          file_mtime = os.path.getmtime(path) # 最終更新時刻を取得
31
32          # このselectでは、データベースに該当エントリがない場合
33          # 次のc.fetchone()で、(None,)ではなくNoneが返ってきます
34          c.execute('SELECT mtime FROM image WHERE fileName=?',
35              (file_name,)
36          )
37          (db_mtime,) = c.fetchone() or (None,)
38
39          if db_mtime == None: # 新ファイル。挿入。isEditing=0に
40              c.execute("'INSERT INTO
41                  image(fileName, mtime, editor, isEditing, annotation)
42                  VALUES(?, ?, NULL, 0, NULL)'",
43                  (file_name, file_mtime)
44              )
45              inserted += 1
46              print("New file: %s inserted" % file_name)
47          elif db_mtime != file_mtime: # 同名なのに異なるファイル。
48              # DB上のアノテーションを破棄しisEditing=0に
49              c.execute("'UPDATE image
50                  SET annotation=NULL, isEditing=0
51                  WHERE fileName=?'",
52                  (file_name,)
53              )
54              discarded += 1
55              print("File changed: %s annotation discarded" % file_name)
56          else: # 既登録ファイル。アノテーションを保持しisEditing=0に
57              c.execute(
58                  'UPDATE image SET isEditing=0 WHERE fileName=?',
59                  (file_name,)
60              )
61              preserved += 1
62
63      # isEditingが1のままの行は、そのファイルがすでに存在しない場合
64      # 件数を数えてDBから削除
65      c.execute('SELECT COUNT(*) FROM image WHERE isEditing=1')
```

5.4　アノテーションデータベースの作成　　145

```
66        (deleted,) = c.fetchone()
67        c.execute('DELETE FROM image WHERE isEditing=1')
68
69        db.commit()
70        db.execute("VACUUM")
71        db.close()
72        return (inserted, discarded, preserved, deleted)
73
74   if __name__ == '__main__':
75        if len(sys.argv) != 3:
76            print("usage: %s <db file> <image dir>" % sys.argv[0],
77                file = sys.stderr
78            )
79            quit()
80
81        (app, db_file, image_dir) = sys.argv
82        result = update_image_db(db_file, image_dir)
83        print("Database %s" % db_file)
84        print("  %d newly inserted"      % result[0])
85        print("  %d annotation discarded" % result[1])
86        print("  %d preserved"           % result[2])
87        print("  %d deleted"             % result[3])
```

【2】updateimagedb.py の使い方

```
./updateimagedb.py <データベースファイル> <画像格納ディレクトリ>
```

　ホームディレクトリに「updateimagedb.py」という名前で作成し、chmod コマンドで実行権を付与してから実行します。

　下記に示すように、ホームディレクトリの下の static/images というディレクトリにある画像を対象に、image.db という名前のデータベースファイルを新規作成します。

```
1    guard@vege-guard:~$ chmod u+x updateimagedb.py
2    guard@vege-guard:~$ ./updateimagedb.py image.db static/images
3    Creating database image.db ...
4    New file: ptiwomvptiwomv80ge.jpg inserted
5    New file: 98589725555h299.jpg inserted
6    （中略）
7    New file: あの時の鳩.jpg inserted
8    New file: fjoooopp222.jpg inserted
9    Database image.db
10       1611 newly inserted
11       0 annotation discarded
12       0 preserved
```

```
13      0 deleted
14  guard@vege-guard:~$
```

　名前が表しているように、このプログラムは、同じデータベースファイルに対して、繰り返し実行すると、、画像ディレクトリの中の画像ファイルの状況に合わせて、データベースファイルを更新（update）することができます。画像ファイルが追加されていればデータベースに追加し、画像ファイルが消滅していればデータベースからそのエントリを削除します。最初の実行のときのように、データベースファイルが存在しない場合は新規に作成します。

●プログラムの説明

　プログラムの概略を説明しておきましょう。まず、ファイルとアノテーションの対応付けを管理するためのデータベースには、Pythonに標準搭載されている軽量なSQLデータベース、SQLite3を使用しています。

　表5.4.1はimageファイルのスキーマ（データ構造）です。スキーマとは、各フィールドのデータの種類（データ型）や制約などを定義したものです。

表5.4.1　imageファイルのスキーマ

カラム名	型と制約	説　明
id	整数。主キー。自動増番	通し番号を自動で振ります
fileName	文字列。重複不可。NULL 不可	画像ファイル名
mtime	浮動小数点数	ファイルの更新時刻
editor	文字列	アノテーションの編集者名
isEditing	整数	現在編集中かどうか
annotation	文字列	アノテーションの文字列表現

　idはファイルの通し番号です。データベースに新しいエントリが追加されるたびに、自動的に番号が増えます。fileNameはファイル名を格納します。

　mtimeにはファイルの更新時刻が入ります。最近のシステム上では、時刻が浮動小数点数として取得されるので型もそれに合わせています。mtimeはデータベースに登録された時点から次にデータベースを更新するまでの間に、ファイルが変更されていないかどうかをチェックするために保持しています。

　editorとisEditingは、この後で紹介するアノテーション作成システムが、現在そのエントリを編集中かどうか、また編集者はだれなのかを保持します。

5.4　アノテーションデータベースの作成　　147

データベースが既に存在するときは、ほかのプログラムや人がデータベースを変更できないように、排他ロックをかけたうえで、すべてのエントリのisEditingを1にセットして処理を始めます。

データベースにディレクトリ内のすべてのファイルについて、1つずつ、データベース上に登録があるか、あればファイルが更新されていないかをチェックして、有効な登録済みのアノテーションはそのままに、新しいファイルがあれば登録し、ファイルが更新されている場合はアノテーションを削除します。この処理の過程で、該当ファイルのisEditingを0にクリアしていきます。

処理が完了した時点で、isEditingが1のままのエントリがあれば、それは、データベース上には登録があるのに、ディレクトリにファイルがないという状態を意味します。こうしたデータベース上のエントリは無効なので、最後にまとめてエントリごと削除します。

すべての処理が終わると、挿入した件数、アノテーションを削除した件数、そのまま保持した件数、エントリを削除した件数を表示してプログラムを終了します。

画像を追加検索した時などに、既存のアノテーションデータを保持したままデータベースに追加登録をすることができます。

ただし、現在編集中のファイルがある場合でも、強制的にisEditingがクリアされてしまうので、誰かが編集作業中にこのコマンドを実行すると、編集中の画像のアノテーションが失われる可能性がありますので注意してください。

5.4.2 アノテーション作成Webアプリを作成する

この節の目的は、データベースに登録された画像のそれぞれについて、どこに検出したいものが写っているのかを記述したアノテーションデータを作ることです。

自然物などバリエーションの多いものを検出したい場合には、少なくとも数百枚以上[9]の画像に対するアノテーションが必要ですが、一人で大量のアノテーションを作成するのは大変なので、複数人で分担して作業できるようなWebアプリケーションを作ることにします。

使用するツールとしては、Pythonの軽量WebフレームワークのFlaskをサーバ側に、ダイナミックなWebを実現するjQueryと、Web画面上に表示された画像から矩形領域を選択する機能を提供するJcropの2つのJavaScriptライブラリをクライアント側で利用することにします。

【1】使用するツール類の準備

手始めに、ホームディレクトリ直下に図5.4.1のようなディレクトリ構造を作ります。このうち、staticとimagesは、ここまでの作業を手順どおりに実施していればすでに作られているはずです。

```
guard@vege-guard:~$ mkdir -p static/images static/Jcrop static/js templates
```

---

9 鳥類の検出は特に難しいので、数万枚以上の画像があるのが望ましいです。

図**5.4.1** ディレクトリ構造

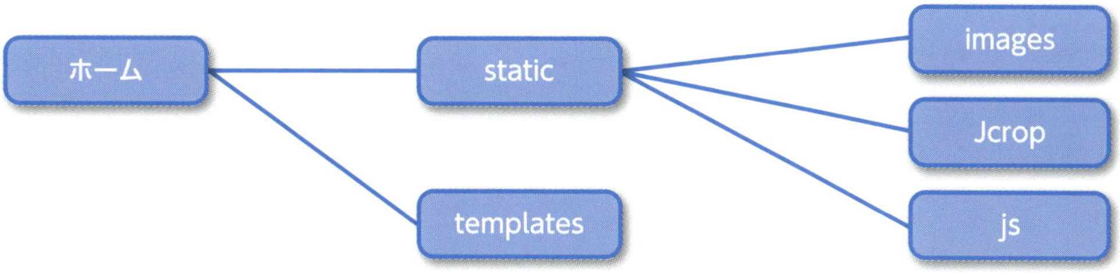

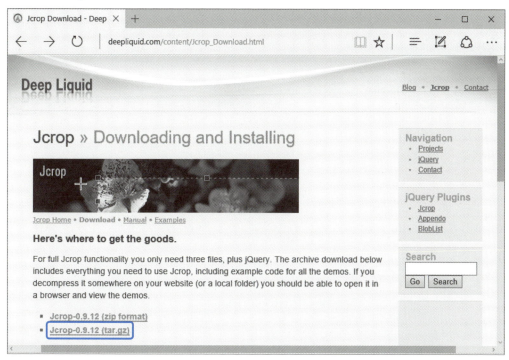

　staticとtemplatesは、Flaskが標準で使用するディレクトリ名です。staticには、アプリケーションの実行中に変化することのない固定的なデータファイルを配置し、templatesには表示されるたびに変化するような値を含むテンプレートファイルを配置します。

① Jcropライブラリ、JavaScriptライブラリの取得と配置

　最初にJcropライブラリを取得してstatic/Jcropに配置しましょう。ダウンロードページのURLは次のとおりです（図5.4.2）。

図**5.4.2** Jcropライブラリのダウンロードページ

http://www.deepliquid.com/content/Jcrop_Download.html

5.4　アノテーションデータベースの作成　　149

このページにある、tar.gz形式のファイル、図5.4.2では「Jcrop-0.9.12（tar.gz）」をダウンロードするためのリンクのアドレスをクリップボードにコピーします。ほとんどのブラウザにはリンクを右クリックしてコンテキストメニューを出すと、リンクをコピーするためのメニューがあります。

次にTeraTermのウィンドウを開いて、ホームディレクトリで「wget△-O△Jcrop.tar.gz△」（△はスペース）まで入力したところで右クリックし、先ほどのURLを貼り付けます。

なお、「-O」は「ハイフン」に続けて「アルファベット大文字のオー」です。ゼロではありません。

> guard@vege-guard:~$ **wget**△**-O**△Jcrop.tar.gz△ ←ここで右クリック

すると、URLが貼り付けられるので、そのまま［Enter］を叩きます[10]。

```
 1  guard@vege-guard:~$ wget -O Jcrop.tar.gz https://github.com/tapmodo/Jcrop/tarball/v0.9.12
 2  --2016-02-29 17:06:02--  https://github.com/tapmodo/Jcrop/tarball/v0.9.12
 3  Resolving github.com (github.com)... 192.30.252.131
 4  Connecting to github.com (github.com)|192.30.252.131|:443... connected.
 5  HTTP request sent, awaiting response... 302 Found
 6  Location: https://codeload.github.com/tapmodo/Jcrop/legacy.tar.gz/v0.9.12 [following]
 7  --2016-02-29 17:06:03--  https://codeload.github.com/tapmodo/Jcrop/legacy.tar.gz/v0.9.12
 8  Resolving codeload.github.com (codeload.github.com)... 192.30.252.162
 9  Connecting to codeload.github.com (codeload.github.com)|192.30.252.162|:443... connected.
10  HTTP request sent, awaiting response... 200 OK
11  Length: 226225 (221K) [application/x-gzip]
12  Saving to: 'Jcrop.tar.gz'
13  100%[===================================>] 226,225     264KB/s   in 0.8s
14  2016-02-29 17:06:05 (264 KB/s) - 'Jcrop.tar.gz' saved [226225/226225]
15  guard@vege-guard:~$
```

ファイルはJcrop.tar.gzという名前で保存されます。tar.gz形式の圧縮アーカイブですが、展開する前に、どのようなディレクトリ構成でファイルが格納されているのかを確認します。tar -tfで確認してみると、すべてのファイルはtapmode-Jcrop-1902fbcというディレクトリの配下に含まれていました。一度そのまま展開してから、目的のフォルダに移動します。

```
 1  guard@vege-guard:~$ tar -tf Jcrop.tar.gz
 2  drwxrwxr-x root/root      0 2013-02-03 00:39 tapmodo-Jcrop-1902fbc/
 3  -rw-rw-r-- root/root   1103 2013-02-03 00:39 tapmodo-Jcrop-1902fbc/MIT-LICENSE.txt
 4  -rw-rw-r-- root/root   2253 2013-02-03 00:39 tapmodo-Jcrop-1902fbc/README.md
 5  drwxrwxr-x root/root      0 2013-02-03 00:39 tapmodo-Jcrop-1902fbc/css/
 6  -rw-rw-r-- root/root    329 2013-02-03 00:39 tapmodo-Jcrop-1902fbc/css/Jcrop.gif
 7  （中略）
```

10　執筆時点でのダウンロードリンクは https://github.com/tapmodo/Jcrop/tarball/v0.9.12 でした。

```
 8  -rw-rw-r-- root/root    93068 2013-02-03 00:39 tapmodo-Jcrop-1902fbc/js/jquery.min.js
 9  guard@vege-guard:~$ tar -xvf Jcrop.tar.gz
10  tapmodo-Jcrop-1902fbc/
11  （中略）
12  tapmodo-Jcrop-1902fbc/js/
13  tapmodo-Jcrop-1902fbc/js/jquery.Jcrop.js
14  tapmodo-Jcrop-1902fbc/js/jquery.Jcrop.min.js
15  tapmodo-Jcrop-1902fbc/js/jquery.color.js
16  tapmodo-Jcrop-1902fbc/js/jquery.min.js
17  guard@vege-guard:~$ mv tapmodo-Jcrop-1902fbc/* static/Jcrop
18  guard@vege-guard:~$ rmdir tapmodo-Jcrop-1902fbc
19  guard@vege-guard:~$ ls static/Jcrop
20  css demos index.html js MIT-LICENSE.txt README.md
21  guard@vege-guard:~$
```

これでJcropの準備は完了です。

もう一つのJavaScriptライブラリjQueryは、公共の配信サーバに使用可能な状態で用意されているので、クライアントのWebブラウザが自ら必要に応じてダウンロードする方法をとることにします。この場合、サーバ側での準備は、配信サーバのURLをHTMLに埋め込むことだけです。後でソースコードを解説するところで詳しく説明します。

②必要なソースファイルの作成

続いて、必要なソースファイルを作成していきます。9個あります。表5.4.2 はこれらソースファイルのファイル名、パス、機能を一覧にしたものです。作成手順はこれまで通りですが、ファイルを置くパスに注意してください。ファイルは、解説する順番に並べています。

表5.4.2　作成ソースファイル一覧

ファイル名	パ　ス	機　能
annotation.py	ホーム	Webアプリケーションサーバ本体
config.py	ホーム	Webアプリケーションの設定情報ファイル
style.css	static/	スタイルシート
layout.html	templates	多くの画面の基本テンプレート
show_summary.html	templates	画像の処理状況サマリー表示画面
login.html	templates	ログイン画面
annotate_image.html	templates	画像にアノテーションを付ける処理の画面
annotate.js	static/js	ブラウザ側で実行されるアプリ本体
all_done.html	templates	全画像処理終了の時の画面

では、表のファイル名順に解説していくことにしましょう。

5.4　アノテーションデータベースの作成　　151

●Webアプリケーションサーバ本体annotate.py

```python
#!/usr/bin/env python
# coding: utf-8
import json, sqlite3
from flask import *

app = Flask(__name__)
app.config.from_object('config')
#app.debug = True

#データベースへの接続
def connect_db():
    return sqlite3.connect(app.config['DATABASE'])

#アノテーションを保存して編集を完了する
def commit_change(current_id, annotation):
    if current_id >= 1:
        c = g.db.cursor()
        c.execute('BEGIN')
        c.execute(
            'UPDATE image SET isEditing=0, annotation=? WHERE id=?',
            (annotation, current_id)
        )
        g.db.commit()

# 次の未処理画像を探して編集状態にロックしてidを返す
# 未処理画像がない時はNoneが返る
def get_next(user_name):
    c = g.db.cursor()
    c.execute('BEGIN')
    c.execute('SELECT MIN(id) FROM image WHERE editor IS NULL')
    (next_id,) = c.fetchone()
    if next_id != None:
        c.execute(
            'UPDATE image SET editor=?, isEditing=1 WHERE id=?',
            (user_name, next_id)
        )
    g.db.commit()
    return next_id

# idに対応するファイル名をDBから取得する
def get_filename(target_id):
    c = g.db.cursor()
    c.execute('SELECT fileName FROM image WHERE id=?', (target_id,))
    (filename,) = c.fetchone() or None
    return filename
```

152　　5章 ● プラットフォーム層の実装

```python
46
47  # 未処理画像のidの最大値を取得する
48  def get_max_unprocessed_id():
49      c = g.db.cursor()
50      c.execute('''
51          SELECT MAX(id) FROM image
52          WHERE annotation IS NULL AND isEditing=0'''
53      )
54      (max_unprocessed_id,) = c.fetchone() or 0
55      return max_unprocessed_id
56
57  @app.before_request
58  def before_request():
59      g.db = connect_db()
60
61  @app.after_request
62  def after_request(response):
63      g.db.close()
64      return response
65
66  # トップページ
67  # 画像の処理状況を表示します
68  @app.route('/')
69  def show_summary():
70      c = g.db.cursor()
71      c.execute('SELECT count(*) FROM image')
72      (total,) = c.fetchone()
73      c.execute('SELECT count(*) FROM image WHERE annotation IS NULL')
74      (unprocessed,) = c.fetchone()
75      c.execute('SELECT count(*) FROM image WHERE isEditing != 0')
76      (editing,) = c.fetchone()
77      return render_template('show_summary.html',
78          total=total, unprocessed=unprocessed, editing=editing
79      )
80
81  # アノテーション作成画面
82  @app.route('/annotate')
83  def annotate_image():
84      if not session.get('logged_in'):
85          return redirect(url_for('login'))
86
87      unprocessed_id = get_next(session['user_name'])
88
89      if unprocessed_id == None:
90          return render_template('all_done.html')
91
92      filename = get_filename(unprocessed_id)
```

5.4　アノテーションデータベースの作成　　153

```
93      image_source = url_for('static', filename='images/' + filename)
94      max_unprocessed_id = get_max_unprocessed_id()
95
96      return render_template('annotate_image.html',
97          imageSource=image_source,
98          imageId=unprocessed_id,
99          imageIdMax=max_unprocessed_id
100     )
101
102 # Ajax: アノテーション作成画面のjQueryから呼び出される
103 # 処理し終わった画像の情報をデータベースに登録し、
104 # 次の未処理画像のidやURLなどを応答する。
105 @app.route('/_next')
106 def move_to_next():
107     if not session.get('logged_in'):
108         return redirect(url_for('login'))
109
110     current_id = json.loads(request.args.get('imageId'))
111     annotation_json = request.args.get('annotation')
112     commit_change(current_id, annotation_json)
113
114     next_id = get_next(session['user_name'])
115
116     if next_id != None:
117         filename = get_filename(next_id)
118         image_source = url_for('static', filename='images/' + filename)
119         max_unprocessed_id = get_max_unprocessed_id()
120     else:
121         next_id = -1
122         image_source = max_unprocessed_id = None
123
124     return jsonify(
125         imageSource=image_source,
126         imageId=next_id,
127         imageIdMax=max_unprocessed_id
128     )
129
130 # Ajax: アノテーション作成画面のjQueryから呼び出される
131 # 現在の画像の処理を取り消し、未編集状態に戻す。
132 @app.route('/_reset')
133 def resetEntry():
134     if not session.get('logged_in'):
135         return redirect(url_for('login'))
136     current_id = json.loads(request.args.get('imageId'))
137     c = g.db.cursor()
138     c.execute('BEGIN')
139     c.execute('UPDATE image SET editor=NULL, isEditing=0 WHERE id=?',
```

```python
140        (current_id,)
141    )
142    g.db.commit()
143    return ('', 204)  # HTTP response 204: No Content
144
145 # ログイン
146 @app.route('/login', methods=['GET', 'POST'])
147 def login():
148    error = None
149    if request.method == 'POST':
150        username = request.form['username']
151        password = request.form['password']
152        if username not in app.config['USERDB']:
153            error = 'Invalid user/pass'
154        elif password != app.config['USERDB'][username]:
155            error = 'Invalid user/pass'
156        else:
157            session['logged_in'] = True
158            session['user_name'] = username
159            flash('You are logged in.')
160            return redirect(url_for('show_summary'))
161    return render_template('login.html', error = error)
162
163 # ログアウト
164 @app.route('/logout')
165 def logout():
166    session.pop('logged_in', None)
167    session.pop('user_name', None)
168    flash('You are logged out.')
169    return redirect(url_for('login'))
170
171 # 全画像処理完了画面
172 @app.route('/all_done')
173 def allDone():
174    if not session.get('logged_in'):
175        return redirect(url_for('login'))
176    flash('All image has been processed!')
177    return redirect(url_for('show_summary'))
178
179
180 if __name__ == '__main__':
181    app.run(host = "0.0.0.0")
```

　annotate.pyは、Webアプリケーションサーバ本体です。Flaskパッケージのおかげで、「URL」と「そのURLで実行したい処理」を書くだけで大半の処理が済んでしまいます。プログラムの概要は以下のとおりです。

- 10 〜 55行までが下請け処理用の関数の定義
- 57 〜 64行がデータベースとプログラムの接続の管理
- 66行以後がターゲットURLとそれに対するリクエスト処理
- 180,181行がサーバの起動

〈ソースコードの詳細〉

- アプリケーションを起動し、181行が実行されると、FlaskのデフォルトポートTCP/5000でWebサーバが起動されます。複数のIPアドレスを持つサーバ上で実行する場合は、host = "0.0.0.0" のところに特定のIPアドレスを指定すると、そのアドレス上だけでWebサーバが起動します。

- 68 〜 79行が、サーバのトップページ「/」[11] の処理です。画像の総数、処理済みの画像数、現在編集中の画像数を表示します。

- 82 〜 100行は、個々の画像にアノテーションを付けるページ「/annotation」を初期表示するための処理です。データベースに問い合わせて未処理画像が残っていれば、annotate_image.htmlをテンプレートとして生成したページを応答し、残っていなければall_done.htmlから作ったページを応答します。

- 105 〜 128行は、annotate_image.htmlのページから呼び出されているJavaScriptプログラム、annotate.jsが、一枚の画像のアノテーション付与が終わった時に呼び出すURL「/_next」の処理です。annotate.jsから、現在処理中の画像idと作成されたアノテーションデータを受け取り、データベースに書き込んだのち、次の未処理画像を探し、idと画像のURLと、未処理画像idの最大値をJSON化して応答します。

- 132 〜 143行も同じくannotate.jsからの呼び出し用のURL「/_reset」です。こちらは、表示された画像に対するアノテーション付けを終了したい場合に呼び出されます。データベース上の、当該画像に対する編集状態をクリアして、未処理画像に戻します。特にクライアントに応答するデータがないのですが、HTTPプロトコルのルール上、何がしかのステータスは返さなくてはならないので、143行でHTTPのステータスコード204（No Content. 成功したが、返すべきコンテンツはない）を応答しています。

- ブラウザ側のページのロードのタイミングと関係なく、ページ中に埋め込まれたJavaScriptからHTTPリクエストを発行し、その結果ブラウザの表示を動的に更新するような処理を一般にAjax（Asynchronous JavaScript + XML）と呼びますが、この「/_next」と「/_reset」は、Ajaxのサーバ側のロジックの一例です。

- 146 〜 169行はログインとログアウトの処理です。セキュリティを実現するためというよりも、アノテーションを作成した人を識別するために実装しています。

---

11 厳密な言葉の定義に従えば「このサーバのホームページ」です。

5章 ● プラットフォーム層の実装

- 172 〜 177行がアノテーション作成中に次の画像がなくなった時、つまりすべての画像が処理された時に表示された時に、annotate.jsからリダイレクトされるURL「/all_done」を処理するURLです。本質的には、トップのサマリー表示画面に戻る処理なのですが、Flaskフレームワークでflashメッセージと呼ばれる、ポップアップ的なメッセージを表示する領域に「All image has been processed!」と表示させています。

● **Webアプリケーションの設定ファイルconfig.py**

```
1   # coding: utf-8
2   SECRET_KEY = 'Detarame na MojiRetsu'
3   DATABASE = 'images.db'
4
5   USERDB = {
6       "taro":    "taropass",
7       "hanako":  "hanakopass",
8       "jiro":    "jiropass"
9   }
```

config.pyはWebアプリケーションの設定ファイルです。

- 2行ではアプリケーションのセッションcookieを暗号化するための鍵を指定します。「Detarame na MojiRetsu」となっているところは、適宜変更して利用してください。
- 3行は画像データベースのパスを指定します。
- 5 〜 9行はユーザ情報を保持するハッシュの定義です。このコード例では3人分のユーザ、taro、hanako、jiroを定義し、それぞれのパスワードをtaropass、hanakopass、jiropassと定義しています。必要なだけユーザとパスワードを登録してください。

　このように、パスワードは暗号化されていない平文で登録しますし、ユーザ管理用のインターフェースもありません。繰り返しますが、ユーザとパスワードを設けているのはセキュリティ目的ではなく、ユーザの簡易的な識別が目的です。

● **スタイルシートstatic/style.css**

```
1   body               { font-family: sans-serif; background: #eee; }
2   a, h1, h2          { color: #377ba8; }
3   h1, h2             { font-family: 'Georgia', serif; margin: 0; }
4   h1                 { border-bottom: 2px solid #eee; }
5   h2                 { font-size: 1.2em; }
6
7   .page              { margin: 2em auto; width 35em; border: 5px solid #ccc; padding:
8                          0.8em; background: white; }
9   .entries           { list-style: none; margin: 0; padding: 0; }
10  .entries li        { margin: 0.8em 1.2em; }
```

5.4　アノテーションデータベースの作成　　157

```
11  .entries li h2            { margin-left: -1em; }
12  .metanav                  { text-align: right; font-size: 0.8em; padding: 0.3em; margin-
13                                bottom: 1em; background: #fafafa; }
14  .flash                    { background: #cee5f5; padding: 0.5em; border: 1px solid #aacbe2; }
15  .error                    { background: #f0d6d6; padding: 0.5em; }
16  .info-bar                 { text-align: center; background: #66FF66; }
18  .navi-bar                 { text-align: center; background: #333388; }
19  button#discard-button     { width: 65%; }
20  button#logout-button      { width: 30%; }
21  button#undo-button        { width: 65%; }
22  button#reset-button       { width: 30%; }
23  button#save-button        { width: 95%; }
```

styles.cssは、ブラウザに表示されるアイテムをどのように表示するかを定義しています。

●共通レイアウトの定義templates/layout.html

```
1   <!doctype html>
2   <title>Annotate</title>
3   <link rel="stylesheet" type="text/css"
4    href="{{ url_for('static', filename='style.css') }}"
5   >
6   <div class="page">
7       <h1>Annotate</h1>
8       <div class="metanav">
9       {% if not session.logged_in %}
10          <a href="{{ url_for('login') }}">log in</a>
11      {% else %}
12          <a href="{{ url_for('logout') }}">log out</a>
13      {% endif %}
14      </div>
15      {% for message in get_flashed_messages() %}
16          <div class="flash">{{ message }}</div>
17      {% endfor %}
18      {% block body %}{% endblock%}
19  </div>
```

layout.htmlは、アノテーション作成画面以外のすべての画面に共通するレイアウトを定義しています。スタイルシートとして前出のstyle.cssを読み込むことや、ページの基本構成や、システムからのメッセージを表示するflashメッセージ出力エリアなどを定義しています。

●サマリー表示画面の定義**templates/show_summary.html**

```
1    {% extends "layout.html" %}
2    {% block body %}
3        <ul class="summary">
4            <li><h2>Total images: </h2>{{ total }}</li>
5            <li><h2>Unprocessed : </h2>{{ unprocessed }}</li>
6            <li><h2>On editing  : </h2>{{ editing }}</li>
7        </ul>
8        {% if session.logged_in %}
9            <a href="{{ url_for('annotate_image') }}">Start annotation</a>
10       {% endif %}
11   {% endblock %}
```

show_summary.htmlはログイン直後や、全画像の処理終了後などに表示される画面です。全画像数、未処理画像数、今現在アノテーションを編集中の画像数と、アノテーション開始リンクを表示します。

●ログイン画面の定義**templates/login.html**

```
1    {% extends "layout.html" %}
2    {% block body %}
3        <h2>Login</h2>
4        {% if error %}<p class=error><strong>Error:</strong> {{ error }}{% endif %}
5        <form action="{{ url_for('login') }}" method=post>
6            <dl>
7                <dt>Username:
8                <dd><input type=text name=username>
9                <dt>Password:
10               <dd><input type=password name=password>
11               <dd><input type=submit value=Login>
12           </dl>
13       </form>
14   {% endblock %}
15
```

login.htmlはログイン画面です。ユーザ名とパスワードを入力し、それを送信するボタンを表示します。ここで送信されるパスワードは、暗号化されていないHTTP[12]で送信されますので、使用するパスワードやユーザ名は傍受される可能性があることに注意してください。

---

12 なおFlaskでHTTPSを提供する方法もあります。"How to serve HTTPS *directly* from Flask"
    http://flask.pocoo.org/snippets/111/ などを参考にしてください。

5.4　アノテーションデータベースの作成　　159

●アノテーションを各画像に付与する画面の定義**templates/annotate_image.html**

```
1   <!doctype html>
2   <head>
3       <meta charset="UTF-8">
4       <title>Annotate Image</title>
5       <link rel="stylesheet" type="text/css"
6           href="{{ url_for('static', filename='Jcrop/css/jquery.Jcrop.css') }}"
7       />
8       <link rel="stylesheet" type="text/css"
9           href="{{ url_for('static', filename='style.css') }}"
10      />
11      <script src="http://ajax.aspnetcdn.com/ajax/jQuery/jquery-1.12.0.min.js">
12      </script>
13      <script type="text/javascript"
14          src="{{ url_for('static', filename='Jcrop/js/jquery.Jcrop.js') }}"
15      >
16      </script>
17      <script type="text/javascript">
18          var imageSource = '{{ imageSource }}';
19          var imageId = '{{ imageId }}';
20          var imageIdMax = '{{ imageIdMax }}';
21      </script>
22      <script type="text/javascript" src="/static/js/annotate.js?ver=1">
23      </script>
24  </head>
25  <body>
26      {% if session.logged_in %}
27          <div id="annot-panel">
28              <div class="navi-bar" id="top-navi-bar">
29                  <button class="navi-button" id="discard-button">Discard</button>
30                  <button class="navi-button" id="logout-button">
31                      Logout {{ session.user_name }}
32                  </button>
33              </div>
34              <div class="info-bar">
35                  <span class="info">
36                      ID:<span id="image-id">{{ imageId }}</span>
37                      /
38                      <span id="image-id-max">{{ imageIdMax }}</span>
39                      (Max ID)
40                  </span>
41              </div>
42              <div id="canvas-wrapper">
43                  <canvas id="image-canvas"></canvas>
44              </div>
45              <div class="navi-bar" id="lower-navi-bar">
```

```
46              <button class="navi-button" id="undo-button">Undo Last</button>
47              <button class="navi-button" id="reset-button">Reset All</button>
48          </div>
49          <div class="navi-bar" id="bottom-navi-bar">
50              <button class="navi-button" id="save-button">Save</button>
51          </div>
52      </div>
53   {% endif %}
54 </body>
```

- annotate_image.htmlは、アノテーションを各画像に付与するための画面を表示します。他の ページとは処理したいことが異なっているので、layout.htmlを継承していません。

- 5 〜 7行、8 〜 10行でそれぞれ1つずつスタイルシートを読み込んでいます。紙面の都合で1 つの<link>タグの中で改行をしているため、それぞれ3行に渡っていますが、入力するとき は改行してもしなくても構いません。6行目の二重ブレース{{　}}で囲まれた範囲は、Flaskと 一緒にインストールされたテンプレートエンジンJinja2がルールに従って変換処理を行い、「/ static/Jcrop/css/jquery.Jcrop.css」というURLに展開します。同様に9行は「/static/style.css」 に展開されます。

- 読み込んでいる2つのスタイルシートのうち、1つはほかのページと同じstyle.cssで、もう1 つは、static/Jcrop/css/jquery.Jcrop.cssというパスに置かれたスタイルシートです。これは Jcropのパッケージの一部で、Jcrop使う場合に必要なスタイルシートです。

- 11 〜 12行で読み込んでいるのがjQueryという、大変広く使われているJavaScriptライブラ リです。jQueryは様々な団体や企業が設置する公共のCDN[13]ライブラリに登録されているの で[14]、インターネットにつながっているWebブラウザからは非常に高速にダウンロードできま す。今回はMicrosoftが提供するCDNライブラリ、ajax.aspnetcdn.comからダウンロードす る設定をしました。

- 13 〜 16行で読み込んでいるのは先だってダウンロードして展開した、画像の矩形領域を選択 するJcropライブラリの本体を構成するJavaScriptです。

- 17 〜 21行では、JavaScriptの変数を3つ初期化しています。それぞれの変数の意味は、表5.4.3 のとおりです。

- 代入されている値が二重ブレースに入っていますが、これは、このページをブラウザに送り出 すときにテンプレートエンジンが実際の変数の値に置き換えます。具体的には、annotate.py の96 〜 100行のrender_templateが呼び出されるときに、一緒に渡している変数の値で置換 されます。ここで初期化した3つの変数は次に読み込むJavaScriptで使用されます。

13　Content Delivery Network。コンテンツ配信を高速化するために、高速なキャッシュサーバをインターネット上のトラフィックが 集中するような場所に分散配置する仕組みのことです。

14　Google、jQuery Foundation、MicrosoftなどのCDNから配信されています。

5.4　アノテーションデータベースの作成　　161

表5.4.3　変数の意味

変数名	利用目的
imageSource	画像のURL
imageId	その画像のデータベース上のID
imageIdMax	データベースに格納されている未処理画像のIDの最大値

- 22～23行で読み込んでいるのが、アノテーション作成のロジックを実装するannotate.jsスクリプトです。ここではテンプレート展開を使わずに直接URLを書いて、そのURLの最後に「?ver=1」というクエリ文字列を付けています(162ページのコラム参照)。
- <body>タグ内で最初に目につくのが26行の「{% if session.logged_in %}」のところではないでしょうか。これは53行の「{% endif %}」と対になっており、テンプレートエンジンに対して、session.logged_in変数の値が真ならば囲まれた範囲を出力するように指示しています。この変数はユーザがログインしている間だけ真です。この<body>タグの中ではページの各要素の論理的な配置を決定し、それぞれの表示領域を<div>タグや<span>タグなどで区切って、class名やid名を付けています(図5.4.3)。

図5.4.3　annotate_image.htmlの主な要素

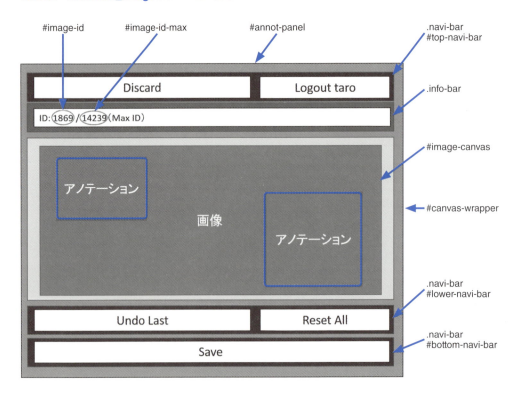

162　5章 ● プラットフォーム層の実装

Column なぜスクリプトのURLの末尾にクエリ文字列を付けるのか？

Webブラウザは受信したデータをメモリやディスク上のキャッシュに格納し、サーバに対する問い合わせを減らして高速化をはかります。

Webページを開発する際は頻繁にページの内容やスクリプトを更新しますが、キャッシュがあると、サーバ側で更新した情報が、ブラウザに即座に反映されないことがあります。

たいていのブラウザには、HTMLファイルや画像データについては、キャッシュを無視して再読み込みする方法が用意されていますが、スクリプトやスタイルシートのキャッシュについては取り扱いが異なることが多く、再読み込みされない場合があります。

そこで、HTML側でこれらの読み込みを行うときに、URLの末尾になんでもよいので、クエリ文字列を付けます。今回は「?ver=1」としましたが「?onaka=hetta」など、なんでもかまいません。

そして、スクリプトやスタイルシートを更新するたびに「?ver=」の後ろの数字を1つずつ増やしたり、最終更新日時を書くようにすれと、ブラウザ側にキャッシュがあったとしても、URLが異なるので、再度読み込みが行われるようになります。

JavaScriptファイルやCSSファイルはCGIではないので、URLにクエリが付いていてもサーバ側で単に無視されるだけで特に副作用もなく、確実にブラウザには最新の更新を伝えることができるという、Webの開発でよく使われる小技です。

● アノテーション作成 JavaScript プログラム static/js/annotate.js

```
1    // Global variables
2    var annotation;
3    var currentArea;
4    var imageContext;
5    // and the following global variables are defined
6    // and initialized in annotate_image.html:
7    //   imageSource, imageId, imageIdMax
8
9    // Initialize UI and register event handlers.
10   onload = function() {
11       $.ajaxSetup({ cache: false });
12       resetAll();
13       $('#discard-button').click(function(){discard(); });
14       $('#logout-button' ).click(function(){logout(); });
15       $('#undo-button'   ).click(function(){undoLast();});
16       $('#reset-button'  ).click(function(){resetAll();});
17       $('#save-button'   ).click(function(){save();    });
18   }
19
```

5.4 アノテーションデータベースの作成 　163

```
20   function renderUI() {
21       var image = new Image();
22       image.src = imageSource;
23       $('#image-id').empty().append(imageId)
24       $('#image-id-max').empty().append(imageIdMax)
25       image.onload = function() {
26           var canvas, wrapper;
27           wrapper = $('#canvas-wrapper');
28           $(wrapper).empty();
29           $(wrapper).append($('<canvas>').attr('id', 'image-canvas'));
30           $(wrapper).append($('</canvas>'));
31           canvas = $('#image-canvas').get(0);
32           canvas.width = canvas.style.width = image.naturalWidth;
33           canvas.height = canvas.style.height = image.naturalHeight;
34           imageContext = canvas.getContext('2d');
35           imageContext.drawImage(image, 0, 0);
36           imageContext.lineWidth = 2;
37           imageContext.strokeStyle = 'rgb(255, 0, 0)';
38           for (var i = 0; i < annotation.length; i++) {
39               imageContext.strokeRect(
40                   annotation[i][0], annotation[i][1],
41                   annotation[i][2], annotation[i][3]
42               );
43           }
44           $(function() { // Start Jcrop!
45               $(canvas).Jcrop({onSelect: cropped, onRelease: addAnnotation});
46           });
47       }
48       image.onerror = function() {
49           alert('ID:' + imageId + ' must be broken. The file is discarded.');
50           annotation = null;
51           saveAndNext();
52       }
53   }
54
55   // Jcrop event handler: called when a area is selected or changed.
56   function cropped(area) {
57       currentArea = [area.x, area.y, area.w, area.h];
58   }
59
60   // Jcrop event handler: called when clicked.
61   function addAnnotation(area) {
62       var currentAreaStr;
63       var lastAreaStr;
64
65       if (currentArea[0] < 0) { return; } // Return if no area selected.
66
```

164　　5章 ● プラットフォーム層の実装

```
67      currentAreaStr = JSON.stringify(currentArea);
68
69      if (annotation.length > 0) {
70          lastAreaStr = JSON.stringify(annotation[annotation.length - 1]);
71      } else {
72          lastAreaStr = null;
73      }
74
75      if (currentAreaStr != lastAreaStr) {
76          annotation.push(currentArea);
77          imageContext.strokeRect(
78              currentArea[0], currentArea[1], currentArea[2], currentArea[3]
79          );
80      }
81  }
82
83  function undoLast() {
84      currentArea = [-1,-1,-1,-1]; // no area selected.
85      annotation.pop();
86      renderUI();
87  }
88
89  function resetAll() {
90      currentArea = [-1,-1,-1,-1]; // no area selected.
91      annotation = new Array();
92      renderUI();
93  }
94
95  function save() {
96      var msg = 'This picture will be saved as a ';
97      if (annotation.length > 0) {
98          msg += 'POSITIVE sample.';
99      } else {
100         msg += 'NEGATIVE sample. Because of the lack of annotation.';
101     }
102     if (confirm(msg)) {
103         saveAndNext();
104     }
105 }
106
107 function discard() {
108     if (confirm('DISCARD this picture and go next?')) {
109         annotation = null;
110         saveAndNext();
111     }
112 }
113
```

5.4 アノテーションデータベースの作成　　165

```
114  function saveAndNext() {
115      annotationStr = JSON.stringify(annotation);
116      $.get(
117          '/_next',
118          {'imageId':imageId, 'annotation':annotationStr},
119          function(data) {
120              imageSource = data.imageSource;
121              imageId = data.imageId;
122              imageIdMax = data.imageIdMax;
123              if (imageId > 0) {
124                  resetAll();
125              } else {
126                  location.href = "/all_done";
127              }
128          },
129          "json"
130      );
131  }
132
133  function logout() {
134      if (confirm('Abondon all annotation for this picture and logout?')) {
135          $.get(
136              '/_reset',
137              {'imageId':imageId},
138              function(data) {
139                  location.href = "/logout";
140              }
141          )
142      }
143  }
```

annotate.jsはアノテーション作成の動作ロジックを定めるJavaScriptプログラムです。

- 2〜4行はこのスクリプトの全体で使用するグローバル変数の宣言です。ここで使用するグローバル変数の変数名とその意味を表5.4.4に示しておきます。

表5.4.4　スクリプトの全体で使用するグローバル変数

変数名	意　味
annotation	画像に付けられたアノテーションを「「4つの整数の配列」の可変長配列」として格納します。currentAreaに入った値が確定されるとannotationの末尾に追加されます。
currentArea	「左上点のx座標」「左上点のy座標」「範囲の幅」「範囲の高さ」の4つの整数を保持する配列として、最後に選択された領域の座標を保持しています。
imageContext	図形の上に、アノテーションを表す赤い矩形を描くときに必要な、画像に対する描画用コンテキスト情報です。

- このほか、コメントですが5〜7行で、annotate_image.html側でほかに3つのグローバル変数が初期化されていることを説明しています。すなわち、このスクリプトで利用されているグローバル変数は合計6つです。
- 10〜18行はonloadイベントのハンドラ、すなわち、annotate_image.htmlがロードされた時に実行される関数です。
- 11行は、今後のAjaxリクエストで、データをキャッシュさせないようにする設定です。Internet Explorerではこの設定が必要となります。ChromeやFirefoxやSafariには特に必要ありません。
- resetAll()は後述しますが、このスクリプトを初期化し、アノテーション用のUIを描画する処理を行います。その後、annotate_image.htmlで定義されている5つのボタンに対して、クリックイベントのハンドラを定義しています。名前を見れば対応がわかるかと思いますが、例えば、17行では「#save-button」という[SAVE]ボタンに付けられたIDで、そのボタンがクリックされた時にsave()関数を実行する、ということが定義されています。
- 20〜53行はユーザインターフェースの再描画関数、renderUI()です。21行で画像オブジェクトを宣言して22行でオブジェクトのソースに、グローバル変数から受け渡された画像のURLを埋め込みます。これで、画像のダウンロードがバックグラウンドで開始されます。
- 23行と24行では、annotate_image.htmlの36と38行で定義されている〜の中身をいったん空にし、そこにグローバル変数で受け取った画像IDと未処理画像ID最大値を書き込んでいます。そして、画像の読み込みが完了した時に実行されるimage.onload()ハンドラと、画面の読み込みが失敗した時に実行されるimage.onerror()ハンドラを登録して処理を終了します。
- 少しの時間ののち、画像の読み込みが成功すれば25〜47行のimage.onload()が実行されます。ここでは、annotate_image.htmlの42〜44行で定義される#canvas-wrapperというidがついた<div>の中身を一度空にして、改めて<canvas id=image-canvas></canvas>というタグを中に書き込んでいます。続いて、32、33行で、そのcanvasの幅と高さを読み込んだ画像のサイズにリサイズします。
- 34行でcanvas上の画像を操作するために必要な描画コンテキストというものを取得します。35行で、そのコンテキストを利用して読み込んだ画像を張り付けています。これで画面にアノテーション対象の画像が表示されます。
- 36と37行は画像コンテキストに対して、「直線を引くときは、太さが2ピクセルで色は赤色」と設定しています。
- 38〜43行のforループで、グローバル配列のannotationに格納された領域を表す矩形をすべて描画します。
- 44〜46行で矩形領域選択ライブラリJcropを、画像を貼った<canvas>に対して起動します。ここでJcropで発生するイベントのうち2つに対してイベントハンドラを登録していま

5.4 アノテーションデータベースの作成　167

す。マウスドラッグなどで範囲の選択が行われた時に発生するイベントが「onSelect」その時に
cropped()関数が、またボタンが選択範囲外でクリック（正確にはリリース）された時に発生す
るイベントが「onRelease」でその時にaddAnnotation()関数が呼ばれるようにハンドラを登録
しています。

- 48 〜 52行で定義されているのは、画像の読み込みに失敗した時に実行されるハンドラです。
ダウンロードで収集した画像の中には、破損しているものや、ファイル名はJPEGファイルな
のに中身がHTTPエラーメッセージ、というようなものが含まれることがあります。こうした
画像は読み込むことができませんので、破損しているということをユーザに伝えて、データか
ら除外し、次の画像の処理へと進みます。

- 56 〜 58行はJcropのonSelectイベントのハンドラ、cropped（area）関数です。範囲選択がさ
れると、その範囲情報がJcropにより自動的に引数に渡されてくるので、それをcurrentArea
に格納します。

- 61 〜 81行がJcropのonReleaseイベントのハンドラです。このハンドラの目的は、
currentAreaに現在選択されている領域があれば、それをannotationグローバル変数の末
尾に追加登録することです。ドラッグでcurrentAreaが更新されて、エリア外クリックで
annotationに追加されるので、ユーザインタフェースとしては、

> 「ドラッグで範囲を選択」→（猶予）→「どこかをクリック」→「選択した領域が確定」

という仕様になります。

- 猶予の部分ではJcropの機能で、選択範囲を拡大縮小したり、新たにドラッグして改めて範囲
選択をやり直したりすることもできます。

 ただし、このハンドラが呼ばれるたびに、無条件にcurrentAreaの値をannotationに追加
してはいけません。起動直後やundo/resetした後はcurrentAreaの値は無効なので、登録して
はいけませんし、エリア外のクリックだけを何度もすると、同じ値が何度も追加されてしまい
ます。

- これら防ぐために、65行でcurrentAreaを見て最初の要素が0以上の正常な値かどうかを確認
しています。起動直後や、undoやresetの処理でcurrentAreaのすべての値を-1にしています。

- つづいて、何度もクリックしたときに同じ座標が登録されないように、最後の登録領域と現在
の選択領域が同じかどうかを見ています。

- 配列の中身同士を比較するにはJSONに変換すると文字列になって1回で比較できて便利で
す。実行速度やメモリ効率などの兼ね合いもありますので、いつでもこれが最適とは限りませ
んが、覚えておくとよい技の1つです。

- 67行でcurrentAreaをJSON文字列表現に変換し、69 〜 73行でannotation配列から最後の
登録座標を取り出してJSON文字列化します。もしannotation配列が空の時には、末尾要素
がありませんので、文字列の代わりにnullを準備します。

- 75行のif文で文字列同士を比較して、異なっているときだけ、annotation配列の末尾にcurrentAreaの値を追加して、選択領域に赤い枠を描画します。

- 83 ～ 87行は、最後の登録領域を取り消す処理undoLast()を実装しています。currentAreaを［-1,-1,-1,-1］で初期化して、annotation配列の末尾要素を捨てて、UI再描画で改めて画像を表示して赤枠を書き直します。

- 89 ～ 93行は、すべての登録領域を取り消すresetAll()処理です。先ほどのundoLast()とほとんど同じ処理です。異なるのは、annotationを完全に空に初期化することです。この関数は［Reset All］ボタンが押された時だけでなく、起動時にも呼ばれます。

- 94 ～ 104行は、［save］ボタンが押された時の処理です。ユーザの誤操作を考えて、確認ダイアログを出しています。確認が完了したらsaveAndNext()関数を呼びます。

- 107行は、［discard］ボタン用のハンドラです。学習用データに加えたくない画像を除外するときに選択します。除外データを表現するためにannotationにnullを代入してsaveAndNext()関数を呼びます。

- 114 ～ 131行は、サーバに現在のannotationを送信して、次の画像データを取得するsaveAndNext()関数です。save()関数とdiscard()関数から呼ばれています。

- 115行でannotation全体をJSON文字列化します。アノテーションはサーバ側でSQLite3データベースに登録されますが、SQLite3は標準では可変長配列をサポートしないため、ここでJSON文字列化したものをそのまま登録します。

- 116 ～ 130行でjQueryの$.get()関数を使ってHTTP GETメソッドで「/_next」をアクセスします。このとき、現在処理中の画像IDであるimageIdと、文字列化したannotationをJSON形式で送信します。

- imageIdは整数がJSONに変換されるだけですが、annotationは「「配列の可変長配列」のJSON文字列表現」がもう一度JSON化されて送信されます。

- 呼び出しが成功すると、119 ～ 128行で定義される関数がコールバックされます。サーバからは次に処理すべき画像のURLがdata.imageSourceに、そのIDがdata.imageIdに、未処理の画像IDの最大値がdata.imageIdMaxに入って返ってきますので、resetAll()を呼んで新しい画像用にUIを初期化します。

- もし、処理すべき画像が1枚も残っていない場合は、imageIdが負の数になって返ってきますので、その場合は/all_doneにリダイレクトして、最終画面へと遷移します。

- 最後の133 ～ 143行にあるlogout()関数は、今画面に表示されている画像のデータベース上での編集ロックを解除して、未編集状態に戻したうえで、ユーザをログアウトする処理です。サーバ側の「/_reset」をjQueryの$.get()でアクセスし、imageIdを渡します。成功すると「/logout」URLへと遷移します。

5.4 アノテーションデータベースの作成 169

●処理終了画面の表示all_done.html

```
1  {% extends "layout.html" %}
2  {% block body %}
3      <h1>All image has been processed!</h1>
4  {% endblock %}
```

all_done.htmlはすべての画像の処理が終わったときに表示される画面です。

【2】Microsoft Azureリソースの設定をする

これらすべてのソースコードの入力が終わったら、Webシステムへのアクセスができるように、Microsoft Azureリソースの設定を行います。

では、Microsoft Azureポータルにログオンして、リソースグループを選択してください（図5.4.4）。

図5.4.4　Microsoft Azureポータル画面

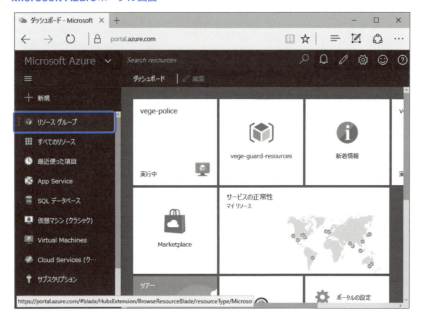

リソースグループの中から、今回作成したものを選択します（図5.4.5）。ここでは「vege-guard-resource」を選択します。

図5.4.5　リソースグループ一覧

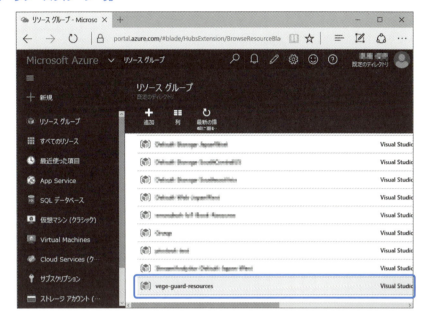

　vege-guard-resourceの中から、盾の絵のアイコンを探します(図5.4.6)。盾の絵のアイコンは、ネットワークセキュリティグループを意味します。複数ある場合は、その中からannotate.pyを動かすサーバ名と同じ名前の付いたアイコンを探してクリックします。

図5.4.6　ネットワークセキュリティグループを探す

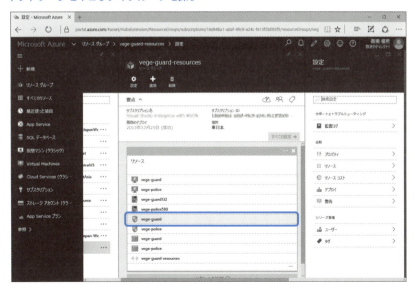

標準では、セキュリティ規則には、1受信、0送信となっています（図5.4.7）。受信規則はSSHでのログインを許可する設定です。「受信セキュリティ規則」をクリックします。

図5.4.7　セキュリティ規則

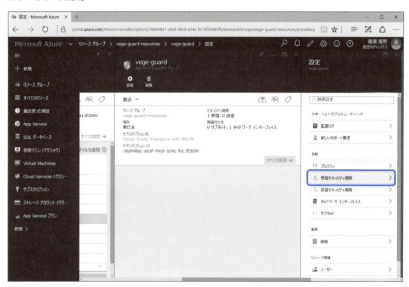

　TCP/22のSSHでのアクセスを許可する設定が表示されます（図5.4.8）。［+追加］をクリックして、annotate.pyの動作に必要なルールの追加をします。

図5.4.8　アクセス許可の設定（1）

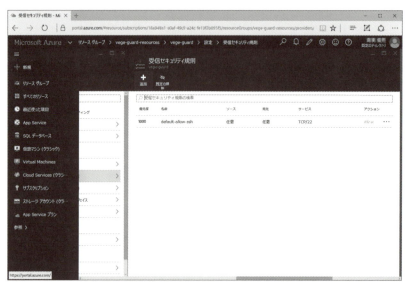

図5.4.9に示すように、ルールの名前は「allow-annotate」としました。優先度はルールの評価順序を規定しますが、ルール数も少なく、依存関係もありませんので、デフォルトで入っている値で構いません。ソースは任意、プロトコルはTCP、発信元ポート規制はデフォルトの「*」、宛先も任意、宛先ポート範囲に、Flaskのデフォルトポートである5000を設定して、アクションに「許可」を設定したら[OK]ボタンをクリックします。

図5.4.9　アクセス許可の設定（2）

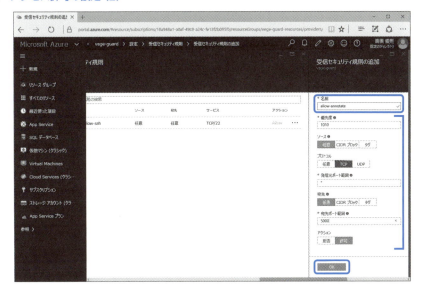

空いていれば数秒で、遅くとも1〜2分で新しいルールが追加されます（図5.4.10）。

図5.4.10　annotate.pyの動作に必要なルールの追加終了画面

5.4　アノテーションデータベースの作成　173

【3】アノテーションannotate.pyの実行

これでおおむね準備は整いました。annotate.pyに実行権を付与し、実行してみましょう。

```
1    guard@vege-guard:~$ chmod u+x annotate.py
2    guard@vege-guard:~$ ./annotate.py
3    * Running on http://0.0.0.0:5000/ (Press CTRL+C to quit)
```

起動に成功するとこのようなメッセージが出て、プロンプトを返すことなくそのままになります。このサーバアプリケーションを終了するときは、[CTRL]+[C]をタイプします。

Webブラウザから、Tera Termでアクセスしているのと同じIPアドレスのポート5000番にアクセスしてみましょう。例えば、IPアドレスが、1.2.3.4の場合でしたら

　　　　http://1.2.3.4:5000/

をアドレスバーに入力してみてください。ログイン画面が表示されます。

次項「5.4.3　アノテーションデータを作成する」は、このログイン画面で始まりますので、画面をこのままの状態で進んでください。

5.4.3　アノテーションデータを作成する

アノテーションデータを作成するには、まずWebブラウザでサーバアプリ「Annotate」にアクセスし、画像にアノテーション（タグ付け）処理を行い、そして学習用サンプルファイル生成コマンドを使ってアノテーションファイルを作成します。

なお本書では、WebブラウザにInternet Explorer 11を用いましたが、ChromeやFirefoxやSafariでも動作を確認しています。また、執筆時点では、Microsoft Edgeでタグ付けした画像の保存がうまくいかない不具合がありました。

【1】画像にアノテーション（タグ付け）をする

Webブラウザの最初のAnnotateサマリー画面には、総画像数、未処理画像数、現在アノテーションの編集中画像数が表示されます（図5.4.11）。この画面右上の「log in」リンクをクリックしましょう。

ユーザ名とパスワードのダイアログが表示されますので、config.pyに定義したユーザ名とパスワードのいずれかでログインします（図5.4.12）。

ログインに成功すると水色の背景のflashメッセージが出て、ログイン画面となります（図5.4.13）。画面下の「Start annotation」リンクをクリックすると、アノテーション作業開始です。

図5.4.11　最初のサマリー画面

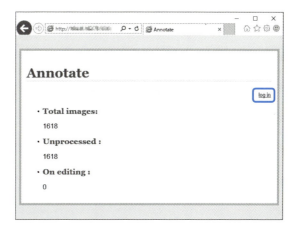

図5.4.12　ユーザ名とパスワード入力画面

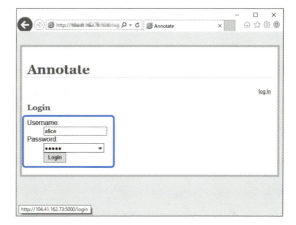

図5.4.13　「Annotate」ログイン画面

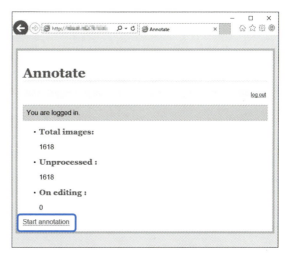

5.4　アノテーションデータベースの作成

図5.4.14　最初の画像

「Start annotation」リンクをクリックすると、最初の画像が表示されます（図5.4.14）。黄緑色の背景の情報表示領域に、処理中の画像のIDと、未処理の画像のIDの最大値が表示されます。

図5.4.15　認識対象（鳥）をドラッグして選択

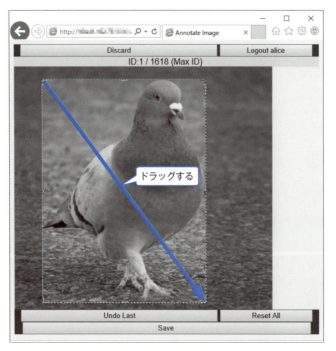

　認識したい被写体（鳥）が写っている領域をドラッグして選択します（図5.4.15）。枠線の周りにある8個のハンドル（小さな正方形）をドラッグすることで、選択範囲の大きさを変えたり、改めてドラッグすることで別の領域を選択しなおすことができます。ただし、ドラッグしただけの状態では、まだ選択領域の確定はなされていません。

図5.4.16 選択領域の確定

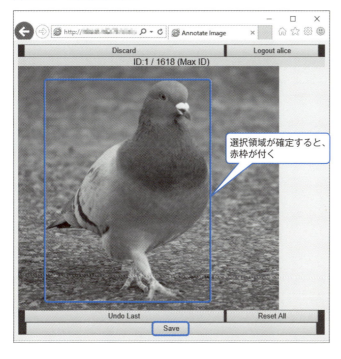

選択範囲の外側のどこかをクリックすると選択領域が確定し、赤い枠が付きます（図5.4.16）。1つだけでなく複数写っているいる場合は、続けて「範囲選択→確定」を繰り返します。

［Undo Last］をクリックすれば最後に選択した領域を取り消すことができます。［Reset All］をクリックすれば、すべての赤枠を取り消してやり直すことができます。

この画面ですべての対象物の選択が終了したら、［Save］をクリックします。1つでも選択された領域があれば、それは「存在例」"a POSITIVE sample"のメッセージが表示されます（図5.4.17）。この処理でよければ、［OK］ボタンを押します。

図5.4.17 ポジティブサンプルの場合

画像に選択された領域が存在しない場合は、アノテーションがない「非存在例」"a NEGATIVE sample"のメッセージとなります（図5.4.18）。この処理でよければ、［OK］ボタンを押します。

5.4 アノテーションデータベースの作成

図5.4.18　ネガティブサンプルの場合

　もしも存在例としても、非存在例としても不適切な画像の場合は［Discard］ボタンをクリックし、その画像を「教師データ」として取り扱わないように除外することができます（図5.4.19）。一概には言えませんが、例えば大きすぎる画像や、サンプルとして断片的で特徴を説明しているとはいえない画像などを除外すれば、結果が良くなると考えられるからです。この処理でよければ、［OK］ボタンを押し、次の画像へ進みます。

図5.4.19　不適切な画像の場合

図5.4.20　アノテーション処理終了後のサマリー画面

　このようにアノテーション処理を繰り返して、すべて（今回の場合はIDの数1618）の処理が終わり未処理画像がなくなると、flash領域に「All image has been processed!」と表示されて、サマリー画面に戻ります（図5.4.20）。

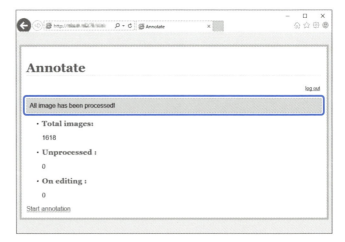

図5.4.21 "All image has been processed!"メッセージ画面

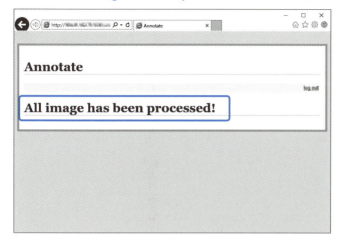

ちなみに、この未処理画像がない状態で「Start annotation」をクリックすると、"All image has been processed!"というメッセージが表示されます（図5.4.21）。

何をターゲットとするか、どの程度のエラー率を目指すかによりますが、感覚的な目安として、最低でも数百程度の存在例と、その1割程度の非存在例を作るのを最初の目標にしてください。多ければ多いほどよいです。

なお、収集した画像すべてにアノテーションを付け終わらなくとも、次の作業を始めることもできます。ある程度作業したところで一度学習モデルを作ってみることを繰り返せば、アノテーションの増加とともに、どのくらい検出能力が向上するかを調べることができます。

【2】教師データファイル生成コマンド genannotfile.py

アノテーションデータベースから、OpenCVの学習用の教師データファイルを生成するコマンド、genannotfile.pyを作成します。

● 教師データファイル生成コマンド **genannotfile.py**

```
1   #!/usr/bin/env python
2   # coding: utf-8
3
4   from __future__ import print_function
5   import sys, os, sqlite3, json
6
7   JSON_EMPTY_ARRAY = json.dumps([])
8   JSON_NULL = json.dumps(None)
9
10  if len(sys.argv) != 5:
11      print("usage:", sys.argv[0],
12          "<DBfile> <image dir> <Positive file> <Background file>",
```

```
13          file = sys.stderr
14      )
15      quit()
16
17  db_file     = sys.argv[1]
18  image_path = sys.argv[2]
19  positive_file = sys.argv[3]
20  bg_file     = sys.argv[4]
21
22  db = sqlite3.connect(db_file)
23  db.text_factory = str
24  c = db.cursor()
25
26  # Positive sample.
27  c.execute('''SELECT fileName, annotation FROM image where
28      annotation <> ? AND annotation <> ? AND annotation IS NOT NULL
29      AND isEditing = 0 AND editor IS NOT NULL''',
30      (JSON_EMPTY_ARRAY, JSON_NULL,)
31  )
32
33  f = open(positive_file, 'w')
34
35  for row in c:
36      (filename, annotation_json) = row
37      annotation_list = json.loads(annotation_json)
38      count = len(annotation_list)
39      annotation_str = ''
40      for i in range(count):
41          annotation_str += " ".join(map(str, annotation_list[i])) + " "
42      print("%s %s %s"
43          % (os.path.join(image_path, filename), count, annotation_str),
44          file = f
45      )
46
47  f.close()
48
49  # Background (negative) sample.
50  c.execute('''SELECT fileName FROM image where
51      annotation = ?
52      AND isEditing = 0 AND editor IS NOT NULL''',
53      (JSON_EMPTY_ARRAY,)
54  )
55
56  f = open(bg_file, 'w')
57
58  for row in c:
59      (filename,) = row
```

```
60        print(os.path.join(image_path, filename), file = f)
61
62 f.close()
```

このコマンドは、ほかのPythonプログラムのように、処理を関数化せずに逐次的に記述しました。

- このデータベースでは、annotation列にJSON形式の文字列を格納しています。7、8行は、SELECTで検索するときに便利なように、JSON文字列表現としての空配列やNoneに相当する表現をあらかじめ準備しています。

- 27行では存在例を検索するためのSQLのために、50行では、非存在例を検索するSQLのために利用しています。

- 35行では、SELECTの結果を取得したカーソルcを、要素を列挙するイテレータとして使って、検索結果の行を1行ずつ処理するループを開始しています。

- 36行でデータベースから取り出したJSON表現のままのannotationをannotation_json変数に受け取って、37行でJSONからPythonのデータ型に変換してannotation_list変数に格納しています。このannotation_listは「「整数型のリスト」のリスト」になります。

- 50行でその「整数型のリスト」の各要素の「整数」を文字列型に変換して空白で連結しています。文字列を連結するにはjoin()を使いますが、Pythonのjoin()では、整数を格納した変数をそのまま扱うことができないので、各要素を文字列型に変換する必要があります。そこで使用しているのがmap()関数です。map()はリストのすべての要素に特定の関数を作用させます。annotaion_list[i]に入っている4つの整数の要素の一つ一つにstr()関数を作用させて文字列化し、それをjoinで空白をセパレータにして連結して、annotation_str変数へと追加しています。

【3】genannotfile.pyの使い方

./genannotfile.py <DBファイル> <画像のパス> <存在例ファイル> <非存在例ファイル>

次のようにgenannotfile.pyコマンドを用いて、データベースから教師データファイルを作成します。positive.txtが存在する例を集めたファイルで、bg.txtが非存在の例を集めたファイルになります。positive.txtは「ファイルのパス名、アノテーションの数、アノテーションの数分だけの4つの座標の組」が各行に記録されたテキストファイルです。bg.txtはファイルのパス名だけを並べたファイルです。

以下の例は、それぞれ先頭の3行だけ表示させるサンプルです。

```
1  guard@vege-guard:~$ genannotfile.py image.db static/images positive.txt bg.txt
2  guard@vege-guard:~$ head -3 positive.txt
3  static/images/abc_pigeon.jpg 1 7 1 262 252
4  static/images/dscf0678.jpg 2 102 32 258 285 304 103 288 132
5  static/images/2011_11270154.jpg 1 54 43 519 390
6  guard@vege-guard:~$ head -3 bg.txt
7  static/images/img085.jpg
8  static/images/221532468.jpg
9  static/images/pigeonhole-13.jpg
10 guard@vege-guard:~$
```

　これで、アノテーションデータベースから、テキスト形式の教師データファイルを作ることができました。

5.5 害鳥検出モデルの作成

5.5.1 害鳥検出モデルのトレーニング

前節で作成した教師データに、OpenCVのモデル作成コマンドopencv_traincascadeを使って「トレーニング」処理を実行します。

ただし、このopencv_traincascadeコマンドは、前節で作ったテキスト形式のポジティブサンプルのアノテーションを直接理解することができません。ベクトルファイルと呼ばれるバイナリ形式のファイルに変換する必要があります。この変換にはopencv_createsamplesコマンドを使用します。したがって、このデータ変換処理をまず行います。

【1】ポジティブサンプルをベクトルファイルに変換するコマンド opencv_createsamples

● opencv_createsamples の使い方（概略）

```
opencv_createsamples –info <ポジティブサンプルファイル> -vec <ベクトルファイル>
    -bg <ネガティブサンプルファイル> -num <生成するサンプル数>
    -h <サンプル画像の高さ> -w <サンプル画像の幅>
```

最低限必要なのは、ポジティブサンプルファイルと、ベクトルファイルの指定です。そのほかは省略することも可能です。

-hと-wは、最終的に判別したい画像上で、検出したい物体が写るであろう最小のサイズを考えて指定します。例えば、QVGA（320×240）の解像度のカメラで撮影した風景の縦横1/16程度の大きさに写るであろう被写体まで検出したいのなら20×15となります。デフォルトは24×24です。

このコマンドは、ポジティブサンプルをベクトルファイルに変換するだけでなく、必要に応じてサンプルを生成して増やすこともできます。-numに指定した値が、ポジティブサンプルより多い時は不足分を生成してくれます。不足分は、ポジティブサンプルを回転させたり、ネガティブサンプルを変形合成することによって生成されます。

良質なデータを多数用意するのが一番いいのですが、データの数が不足する場合はこれでサンプル数を水増しすると、ある程度モデルの精度を改善できることがあります[15]。-numを省略した場合のデフォルトは1000です。水増しには限界があり、存在するサンプルの数に対してあまりに大きな数を指定するとエラーになります。1000以上のデータがある場合はもちろんその値を指定

---

15 自然の風景や動物などは、水増ししてもあまり改善されないことが多いように感じます。企業ロゴやアニメ絵のような画像だと、ある程度効果が見られるように思います。

してください。

　以下の例では画像サイズなどはデフォルトのまま、410のポジティブサンプルから1000に水増ししています。データ数や画像のサイズや設定にもよりますが、数秒〜数分かかります。

```
 1  guard@vege-guard:~$ wc -l positive.txt
 2  410 positive.txt
 3  guard@vege-guard:~$ opencv_createsamples -info positive.txt -vec pigeon.vec -bg bg.txt
                       -num 1000
 4  Info file name: positive.txt
 5  Img file name: (NULL)
 6  Vec file name: pigeon.vec
 7  BG  file name: bg.txt
 8  Num: 1000
 9  BG color: 0
10  BG threshold: 80
11  Invert: FALSE
12  Max intensity deviation: 40
13  Max x angle: 1.1
14  Max y angle: 1.1
15  Max z angle: 0.5
16  Show samples: FALSE
17  Width: 24
18  Height: 24
19  Create training samples from images collection...
20  Done. Created 1000 samples
21  guard@vege-guard:~$
```

【2】OpenCVのモデル作成コマンドopencv_traincascade

　ベクトルファイルができたら、モデルのトレーニングを行います。OpenCVの画像認識モデルはカスケード型分類器を採用しています。カスケード型分類器とは、それぞれ観点の違うモデルを複数用意して、それらを数珠つなぎにしたモデルです。

　入力された候補画像は、入口の第1ステージと呼ばれる最初の分類器で最初の審査を受け、第2、第3、…と最終ステージまで順に審査され、可能性のないものは途中で落選していきます。最終ステージで合格した画像には対象物が写っていると判断するという仕組みです。複数のモデルを組み合わせることにより、より正確な判断をしようというわけです。

●opencv_traincascadeの使い方（概略）

```
opencv_traincascade -data <分類器ディレクトリ>
    -vec <ベクトルファイル> -numPos <ポジティブサンプル数>
    -bg <ネガティブサンプル> -numNeg <ネガティブサンプル数>
    -featureType <特徴量、HAAR, LBP, HOGのいずれか>
    -mode <HAAR特徴量の場合のオプションBASIC, CORE, ALLのいずれか>
```

opencv_traincascadeを実行するとカスケードの各ステージとして複数の分類器（実体はXMLファイル）が生成されます。-dataオプションで分類器の出力先ディレクトリを指定します。

　-vecはopencv_createsamplesコマンドで生成したポジティブサンプルのベクトルファイルを指定します。

　-numPosオプションに指定するポジティブサンプルの数は、ベクトルファイル生成の時に指定したサンプル数をそのまま指定するとうまくいきません。類似のサンプルが多い場合など、-numPosオプションで指定したサンプル数をすべて学習したのに、求める正答率が得られないとき、本コマンドは自動的にベクトルファイルから追加のサンプルを取り出そうとします。このときベクトルファイルにあるサンプルを使い切ってしまうと分類器の生成がエラー終了してしまいます。入力データによって最適値は異なりますが、経験則として総サンプル数の0.8 ～ 0.9倍を目安に設定してください。

　エラー終了してしまった場合、-numPosを減らして再実行すると、エラーになったステージから学習を継続することができます。完全に最初からやり直すときは-dataオプションで指定したディレクトリの配下に出力されたXMLファイルをすべて削除してから再実行します。

　-numNegには、-bgで指定したネガティブサンプルのサンプル数をそのまま指定します。-numPosと異なり、これは実際のサンプル数のままで構いません。

　-featureTypeは、画像の何を特徴とするかを選択するオプションです（表5.5.1）。HAAR、LBP、HOGの中から選択します。デフォルトはHAARです。

表5.5.1　画像の特徴選択オプションHAAR、LBP、HOG

名　称	画像の特徴
HAAR：HAAR-like 特徴量	様々な矩形の白黒パターンと、画像の一部がどのくらい似ているか
LBP：Local Binary Pattern	小さな矩形領域の中の輝度のパターン
HOG：Histogram of Oriented Gradients	小さな矩形領域の中の輝度が変化する方向

　どのような画像に対してどの特徴量を用いるのが最適かは本書の範囲を超えますが、筆者が執筆時に用意した鳩のデータでは、データ量が少ない時にはHAARが若干False-Positive（鳩でないものを鳩だと検出してしまう）が少ない傾向がありました。

　HAARを指定した場合、-modeで様々な矩形のパターンをどう探すかのモード選択ができます。BASICはパターンをそのまま、ALLはパターンを45度回転させた斜めのパターンでのマッチも行います。

　3つの特徴量の中ではHAARは突出して計算時間がかかります。筆者の環境でポジティブ、ネガティブともに1000サンプルほどの教師データを処理させたところ、LBPとHOGが1分30秒ほどでトレーニングが終わったのに対して、HAAR（-mode BASIC）では約8時間、実に300倍以上の時間がかかりました。

以下に実行例を示します。

```
 1   guard@vege-guard:~$ mkdir pigeon
 2   guard@vege-guard:~$ wc -l bg.txt
 3   1083 bg.txt
 4   guard@vege-guard:~$ opencv_traincascade -data pigeon -vec pigeon.vec -numPos 800
                          -bg bg.txt -numNeg 1083 -featureType HOG
 5   PARAMETERS:
 6   cascadeDirName: pigeon
 7   vecFileName: pigeon.vec
 8   bgFileName: bg.txt
 9   numPos: 800
10   numNeg: 1083
11   numStages: 20
12   precalcValBufSize[Mb] : 256
13   precalcIdxBufSize[Mb] : 256
14   stageType: BOOST
15   featureType: HOG
16   sampleWidth: 24
17   sampleHeight: 24
18   boostType: GAB
19   minHitRate: 0.995
20   maxFalseAlarmRate: 0.5
21   weightTrimRate: 0.95
22   maxDepth: 1
23   maxWeakCount: 100
24
25   ===== TRAINING 0-stage =====
26   <BEGIN
27   POS count : consumed   800 : 800
28   NEG count : acceptanceRatio    1083 : 1
29   Precalculation time: 1
30   +----+---------+---------+
31   | N |   HR   |   FA   |
32   +----+---------+---------+
33   |  1|      1|      1|
34   +----+---------+---------+
35   |  2|      1|      1|
36   +----+---------+---------+
37   |  3| 0.99625| 0.893813|
38   +----+---------+---------+
39   |  4| 0.99625| 0.823638|
40   +----+---------+---------+
41  （中略）
42   +----+---------+---------+
43   | 16| 0.99625| 0.514312|
44   +----+---------+---------+
```

```
45 |  17| 0.99625| 0.482918|
46 +----+--------+--------+
47 END>
48 Training until now has taken 0 days 0 hours 0 minutes 0 seconds.
49 （中略）
50 ===== TRAINING 19-stage =====
51 <BEGIN
52 POS count : consumed   800 : 907
53 NEG count : acceptanceRatio    1083 : 0.00589468
54 Precalculation time: 1
55 +----+--------+--------+
56 | N |  HR  |  FA  |
57 +----+--------+--------+
58 |  1|    1|    1|
59 +----+--------+--------+
60 |  2|    1| 0.99446|
61 +----+--------+--------+
62 |  3|    1|    1|
63 +----+--------+--------+
64 （中略）
65 +----+--------+--------+
66 |  97| 0.99625| 0.850416|
67 +----+--------+--------+
68 |  98| 0.99625| 0.855032|
69 +----+--------+--------+
70 |  99| 0.99625| 0.835642|
71 +----+--------+--------+
72 | 100| 0.99625| 0.841182|
73 +----+--------+--------+
74 END>
75 Training until now has taken 0 days 0 hours 1 minutes 35 seconds.
76 guard@vege-guard:~$ ls pigeon
77 cascade.xml  stage11.xml  stage15.xml  stage19.xml  stage4.xml  stage8.xml
78 params.xml   stage12.xml  stage16.xml  stage1.xml   stage5.xml  stage9.xml
79 stage0.xml   stage13.xml  stage17.xml  stage2.xml   stage6.xml
80 stage10.xml  stage14.xml  stage18.xml  stage3.xml   stage7.xml
81 guard@vege-guard:~$
```

この例では、トレーニング時間が1分35秒で終了しました。

カスケード分類器を出力したpigeonディレクトリには、いくつものXMLファイルが出力されています。stageXX.xmlとなっているのは各ステージの単体分類器で、すべての分類器を統合したものがcascade.xmlというファイル名で作成されています。params.xmlはモデルを作成するときに与えたパラメータが記載されています。実際に検出に利用するのはcascade.xmlファイルだけです。

5.5　害鳥検出モデルの作成　　187

5.5.2 ▶ 害鳥検出モデルのテスト

できあがったモデルをテストします。教科書的には、「教師データ」の一部を学習用とは別にテスト用に確保しておくのが理想的ですが、テスト用にデータを分けておけるほど良質な画像を集めるのは簡単ではありません。おそらく、皆さんも、すべてのデータを学習用に用いることになるでしょう。

【1】テスト用カスケードコマンド test-cascade.py

あまり細かいことは気にせず、学習用に使った「教師データ」を使ってテストを行ってみることにします。「教師データ」に対して、検出された対象の害獣の部分に緑色の枠を付けた画像を生成するコマンド、test-cascade.py を作成します。

● test-cascade.py

```python
1   #!/usr/bin/env python
2   # coding: utf-8
3   from __future__ import print_function
4   import sys, os
5   import cv, cv2
6
7   # OpenCV detection parameters
8   scale_factor = 1.1
9   min_neighbors = 3
10
11  if len(sys.argv) != 4:
12      print("usage: ", sys.argv[0],
13          "<cascade file> <test image dir> <result image dir>",
14          file = sys.stderr
15      )
16      quit()
17
18  cascade_file = sys.argv[1]
19  test_image_dir = os.path.normpath(sys.argv[2])
20  result_image_dir = os.path.normpath(sys.argv[3])
21
22  cascade = cv2.CascadeClassifier(cascade_file)
23  total_detect = 0
24
25  for source in os.listdir(test_image_dir):
26      try:
27          source_path = os.path.join(test_image_dir, source)
28          result_path = os.path.join(result_image_dir, source)
29          print("%s -> %s\n" % (source_path, result_path))
```

188   5章 ● プラットフォーム層の実装

```
30          image = cv2.imread(source_path)
31          detects = cascade.detectMultiScale(
32              image, scale_factor, min_neighbors
33          )
34          for (x, y, w, h) in detects:
35              cv2.rectangle(image, (x, y), (w, h), (0, 255, 0), 2)
36              total_detect += 1
37          cv2.imwrite(result_path, image)
38      except:
39          pass
40
41  print("Found %d objects in %d images." % (total_detect, len(sources)))
```

【2】test-cascade.py の使い方

./test-cascade.py <カスケードファイル> <テスト画像dir> <テスト結果dir>

　以下の使用例では、アノテーション画像の保存ディレクトリをテスト画像として、同じ階層に作成した test-images フォルダにテスト結果の画像を保存しています。

```
1  guard@vege-guard:~$ mkdir annotate/static/test-images
2  guard@vege-guard:~$ ./test-cascade ./pigeon/cascade.xml annotate/static/images
                       annotate/static/test-images
3  annotate/static/images/img03.jpg -> annotate/static/test-images/img03.jpg
4
5  annotate/static/images/pigeon233.jpeg -> annotate/static/test-images/pigeon233.jpeg
6
7  (中略)
8
9  annotate/static/images/mypigeon.gif -> annotate/static/test-images/mypigeon.gif
10
11 OpenCV Error: Unspecified error (could not find a writer for the specified extension) in
   imwrite_, file /build/buildd/opencv-2.4.8+dfsg1/modules/highgui/src/loadsave.cpp, line 275
12 (中略)
13 Found 2116 objects in 1663 images.
14 guard@vege-guard:~$
```

　途中に出ている OpenCV のエラーメッセージは、OpenCV の imwrite が GIF ファイルの書き出しに対応していないためのものです。検索では JPEG のほかにも GIF が混入することがあるので、このエラーで停止しないようにコードは try 〜 except ブロックに入れています。

　プログラムが終了すると、見つかった対象オブジェクトの数と処理したファイルの数が表示されます。今回の例では 1663 個のファイルの中から 2116 個のオブジェクトを見つけたとされてい

5.5　害鳥検出モデルの作成　　189

ます。

すべての「教師データ」に対してこの処理を行うのはかなり時間がかかることがあります。適宜中断してください。try 〜 exceptブロックにコードが入っている関係で、CTRL+[C]での中断がうまくいきません。途中で強制終了したい場合はCTRL+[Z]で一時停止してkill %%と入力して、カレントジョブを終了してください[16]。

処理後の画像はannotate/static/test-imagesに入っています。staticディレクトリ以下は、5.4.2項で作成したannotate.pyを起動して、パスを指定すればWebブラウザからアクセスできるので、ブラウザ判定結果を確認することもできます。例えば、img03.jpgの判定結果を見るのであれば次のURLにアクセスすることで確認できます。

```
1   http://IPアドレス:5000/static/test-images/img03.jpg
```

何も検出されなかった画像はそのまま、何か検出された画像には、検出された場所に緑色の枠がつくようになっています。誤判定などの診断に利用してください。

【3】 test-cascade.py コードの解説

コードは、コマンドラインに指定されたパス名を19、20行で正規化し、テスト画像を含むディレクトリの配下にあるファイルを25行からのループで1つずつimageという変数に取り出して、30行で読み込んで、31 〜 33行でdetectMultiScaleによる検出処理を行います。

● detectMultiScale の動作

detectMultiScaleに与えているパラメータは3つで、最初のimageが画像イメージです。

scale_factorは、画像の縮小倍率を指定します。画像検出を行うときに大きさの異なる対象を検出できるように、画像を何度か縮小しながら検出作業を繰り返すのですが、そのときの縮小倍率です。あくまで経験的な値ですが1.1前後でよい結果が得られることが多いので、最初はこの値から始めるのがよいでしょう。

図5.5.1に示すように、対象物を探すための検出窓を画像全体に少しずつずらしながら探していきますが、正しい対象物が写っている個所は、検出窓が少しずれたときにも検出されることが多いので、複数の検出結果が重なり合います。逆に、少しずれたくらいで検出されないようなものは誤検出である可能性があります。min_neighborsは、いくつの検出結果が重なっていたら、正解だとみなすのかの閾値を設定します。「3」はよく使われるデフォルト値です。誤検出が多い場合などに調整してみてください。

16　時間がかかる原因は色々ありますが、例えばモデルの品質が悪く誤検出が多いと、何もない画像に数万もの誤検知を引き起こし、1枚の画像の処理に数分かかることがあります。上記の実行例と同じ1700枚程のデータに品質の悪いモデルを適用したところ全体で数千万もの誤検知を引き起こし、10時間以上かかりました。

図5.5.1　detectMultiScaleの動作

　detectMultiScaleは対象物を検出すると、検出した領域ごとに4つの情報の「組み」（左上隅のX座標、左上隅のY座標、領域の横幅、領域の高さ）のリストを返します。

　34〜36行では、そのリストで表される領域を、image変数に格納されている画像に直接rectangleメソッドで描き込んでいます。

　矩形を書き込んだ画像を、37行で出力ファイルへと書き出しています。ネットの画像検索ではJPEGのほかにもGIFが混入することがありますが、前述のとおり、cv2.imwriteはGIFの書き出しに対応しておらず、エラーが発生することがあります。そこで停止してしまうことがないように、ループの中のコードはtry〜exceptブロックに入れています。

5.5.3　画像データ受信システムの作成──Microsoft Azure Stream Analyticsの設定

　Microsoft Azure IoT Hubから画像データを受信するための仕組みを準備します。IoT Hubは、数百万といった数の小型デバイスから大量のデータが集まってくるような利用シーンを想定しています。このため、送信するデバイス側には軽量でシンプルなAPIが用意されているのに対し、受信するサービス側は、大量のデータを取りこぼさず処理できるようにするためのスケーラビリティを実現する高度で複雑なAPIを備えています（表5.5.1）。

　IoT Hubのサービス側インタフェースの高度な機能を完全に活かすには、複雑な作り込みが必要となりますが、本システムでは、たまにやってくる画像データを受信するだけなので、もうすこし手軽に使える方法を使用したいと思います。

表5.5.1 Azureで提供される主なデータ交換サービスと代表的なAPI

Azureサービス名称	デバイス側API	サービス側API	特　徴
IoT Hub	C, Java .NET, Node.js, Python	Java, .NET, Node.js	双方向通信、デバイス管理機能
Event Hubs	C, Java, .NET（非公式にPython）	Java, .NET	デバイス→クラウド方向の通信のみ
Service Bus Queue	Java, .NET, PHP, Python SDK（デバイス側、サービス側の区別なし）		シンプルで扱いやすいメッセージ交換

【1】Stream Analyticsサービスを利用する

　Microsoft Azureには、大量に届くデータを、リアルタイムに加工するためのStream Analyticsというサービスがあります。これをIoT Hubのサービス側に接続すると、IoT Hubのサービス側処理を意識することなく、簡単に利用することができます。

　Stream Analyticsで加工したデータは、ストレージやデータベースに保存したり、Event HubsやPower BIやService Bus Queueなどの他のサービスに転送したりすることができます。特にService Bus Queueはインタフェースもシンプルで、Pythonからも容易にアクセスできて便利です[17]。

　本書では図5.5.2のようにデバイスからIoT Hubに送信されたデータをStream AnalyticsでService Bus Queueに転送し、Service BusのSDKを用いて害鳥検出システムにデータをダウンロードします。

図5.5.2 Stream Analyticsを使用してIoT HubからService Bus Queueへ転送

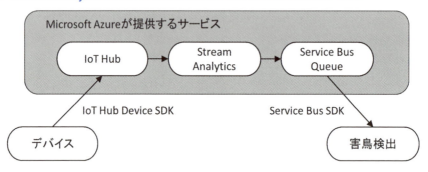

[17] Stream Analyticsを使わずPythonから直接IoT HubやEvent Hubsのサービス側（データ収集側）にアクセスするのは大変難しいので、本書では取り扱いません。サービス側に直接アクセスするソフトウェアの開発には、.NET C#を使うのが最もシンプルで情報も豊富です。

【2】Stream Analyticsジョブの作成

さっそくStream Analyticsの設定をします。Microsoft Azureのポータルにログオンし、「参照」から「Stream Analyticsジョブ」を検索して選択します（図5.5.3）。

図5.5.3　Microsoft Azureポータル

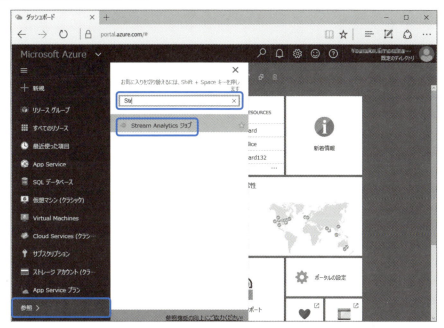

検索フィールドへの入力の途中でStream Analyticsジョブが現れたら、そのままクリックします。

Stream Analyticsジョブの「＋追加」をクリックします（図5.5.4）。

「新しいStream Analyticsジョブ」画面の「ジョブ名」のところにジョブ名を設定します。ここでは「iothub-sbsq-gateway」としています（図5.5.5）。

リソースグループは「既存のものを使用」を選択し、以前に作成したリソースグループを選択します。本書では「vege-guard-resources」です。

場所は仮想マシンなど、他のリソースを置いたのと同じ場所を指定してください。異なる場所を指定すると、データを送受信するたびに通信量が課金されてしまいます。ここでは東日本を指定します。最後に「作成」をクリックします。

図5.5.4 Stream Analyticsジョブの追加

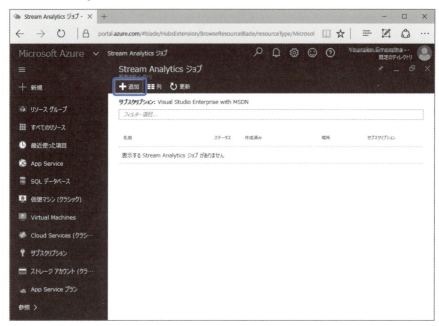

図5.5.5 「新しいStream Analyticsジョブ」画面

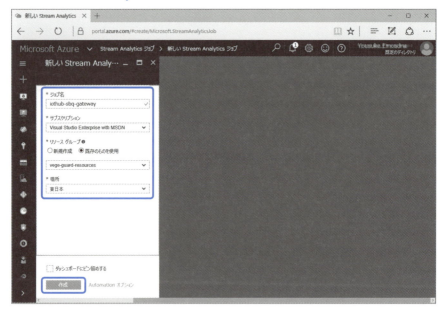

しばらくすると、デプロイメントが成功した旨の通知がきます。図5.5.6のように、通知がきても「Stream Analyticsジョブ」の一覧に今作ったジョブが出てこない場合は、「更新」と書かれたリンクをクリックします。

図5.5.6　デプロイメント画面

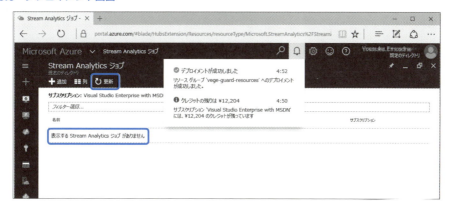

　ステータス欄が「作成済み」となっていること、場所が正しいことなどを確認して、新しく作成したジョブの名前「iothub-sbq-gateway」をクリックしてください（図5.5.7）。

図5.5.7　Stream Analyticsジョブ作成済み画面

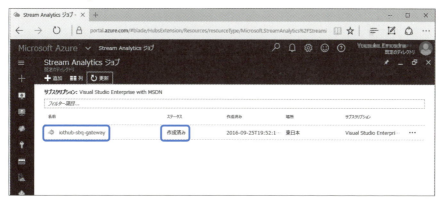

【3】ジョブトポロジの作成
●「入力」の設定
　新しく作成したジョブの名前をクリックすると、ジョブの設定画面が現れます（図5.5.8）。最初に、Stream Analyticsへの入力を設定します。「ジョブトポロジ」ペインにある「入力」と書かれたボックスをクリックします。

5.5　害鳥検出モデルの作成　195

図5.5.8　ジョブトポロジ作成画面

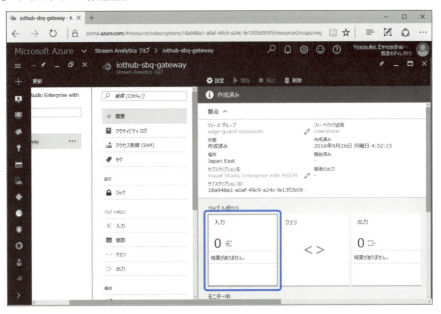

「入力」の設定画面が開きます(図5.5.9)。なんの「入力」も定義されていないので「空」と表示されています。「＋追加」と書かれたリンクをクリックします。

図5.5.9　「空」の「入力」設定画面

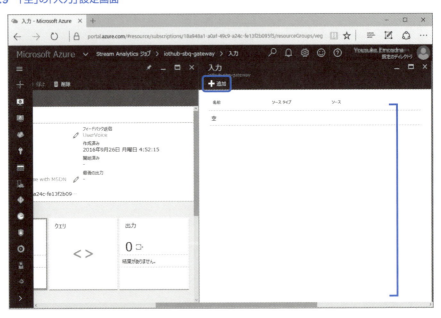

すると、図5.5.10のように、右のフレームに「新しい入力」各種設定項目が表示されます。本書では、次の①〜③のように設定しました。

図5.5.10　「入力」の各種設定項目

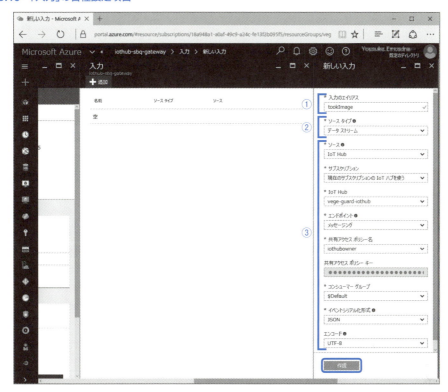

① 「入力のエイリアス」というのは、この入力に付ける名前です。撮影された画像が入ってくるところなので「tookImage」と付けてみました。
② ソースタイプは「データストリーム」を選び[18]、サブスクリプションに「現在のサブスクリプションのIoTハブを使う」を選択すると、他にIoT Hubを作っていなければ、本書の4章のフィールド層の実装で作成したIoT Hubの情報が現れるはずです。異なっている場合は手動で選択してください[19]。
③ そのほかはデフォルトのままで構いませんが、「イベントシリアル化形式」が「JSON」であることは確認してください[20]。

18　もう1つの選択肢である「参照データ」は、データストリームと結合して使用する固定的なデータ（例えば料金表など）をストレージから読み込みたいときに使います。
19　ポータルは、機能拡張のために頻繁にインタフェースが変更されます。特にStream AnalyticsやService Bus関連は変化が多いので、異なる画面が出て困ったら(i)アイコンにマウスカーソルを乗せると出てくるオンラインヘルプなどを参考にしてください。
20　Stream Analyticsはバイナリデータを取り扱うことができないので、デバイスが撮影したJPEG画像のバイナリデータは、BASE64でテキスト文字列化したうえで、JSON形式にして送信されます。

5.5　害鳥検出モデルの作成　　197

最後に「作成」ボタンを押して、「入力」が作成されるのを待ちます。

作成された「入力」は、自動的にテストされます。接続テストが成功した通知が出たら、「入力」は準備完了です（図5.5.11）。「入力」の設定画面を閉じ、Stream Analyticsジョブの設定画面に戻ります（図5.5.12）。

図5.5.11　「入力」の準備完了

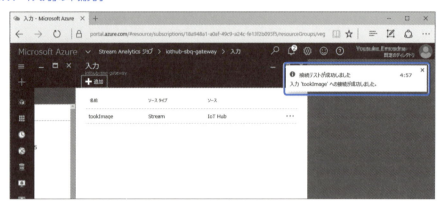

図5.5.12　Stream Analyticsジョブの設定画面に戻る

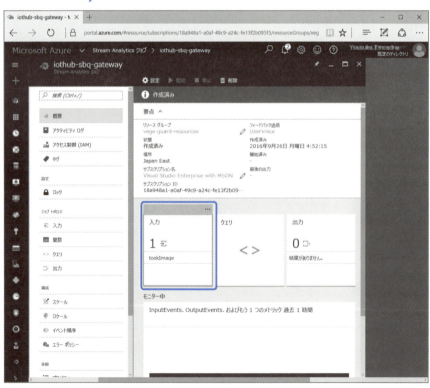

ジョブトポロジの「入力」ボックスに「1」と表示され、1つの「入力」が定義されたことがわかります。続いて「出力」ボックスをクリックして設定を続けます（図5.5.13）。

図5.5.13　「空」の「出力」設定画面

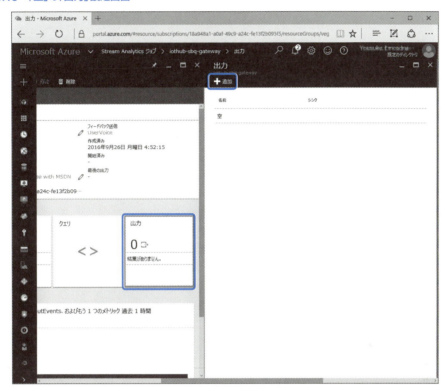

● 「出力」の設定

　先ほどの「入力」の設定と同様、「＋追加」リンクをクリックして新しい出力先を定義します（図5.5.14）。

　「新規出力」の「出力エイリアス」はbirdWatcherと付けます。「シンク」で出力先の種類を選択します。ここでは目的の「Service Busキュー」を選び、サブスクリプションに「現在のサブスクリプションのキューを使う」を選択してください。

　その下に2つある「Service Bus名前空間」[21]の、上にある方のドロップダウンリストは「新しいService Bus名前空間を作成する」を選択して、下の方のテキストフィールドには「vege-guard-ns」と入力してください。nsはName Spaceのつもりで名付けました。

21　同じ名前のUI部品が複数あるのは混乱の元になるので、筆者からMicrosoftに変更した方がよいとフィードバックしました。Microsoftは丁寧にフィードバックを見ているので、本書が皆さんの手元に届くころにはもしかすると改善されているかもしれません。読者の皆さんも問題を感じたら、ポータル画面の右上にあるスマイリーアイコンをクリックして、積極的にフィードバックをしてみてください。

図5.5.14 「出力」の各種設定項目

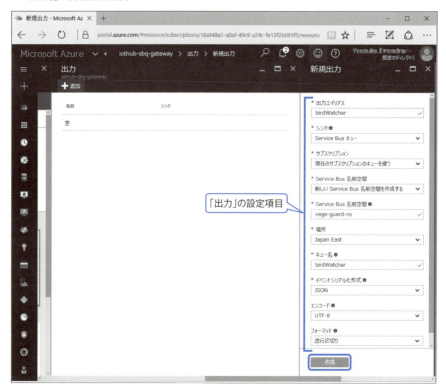

　Service Bus名前空間とは、キューのようなサービスをグループ化するためのものです。キューは必ずどこかのService Bus名前空間に所属する必要がありますので、ここで新規作成します。

　キューの名前はすべて小文字で付けます。例では大文字小文字混在で「birdWatcher」と入力していますが、自動的にすべて小文字に正規化されます。

　場所は他のリソースと同じ場所を選んでください。例では「東日本」に相当するものを選びました[22]。

　最後に、イベントシリアル化形式がJSONであることと、フォーマットが改行区切りであることを確認したら「作成」ボタンをクリックしてください。

　「作成」ボタンをクリックすると、名前空間の作成やキューの作成の通知が表示され、接続テストの成功が通知されると、「出力」の一覧に「birdWatcher」が追加されます（図5.5.15）。確認できたら、「新規出力」や「出力」などのペインを閉じてジョブトポロジを確認します。

22　執筆時点ではこのUIは日本語化されていなかったので「Japan East」を選びました。

図5.5.15 「出力」の準備完了

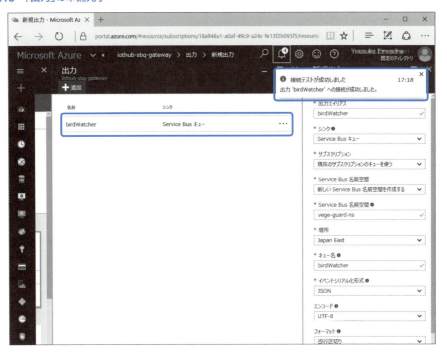

● 「クエリ」の記述

　ジョブトポロジ作成の最後は、入力と出力をどうつなぐかを定義する「クエリ」の記述です。ジョブトポロジの「クエリ」ボックスをクリックしてください（図5.5.16）。

　すると、図5.5.17のようなクエリのスクリプト画面が表示されます。ここには右側のペインにSQLのスクリプトが表示されています。Stream Analyticsは、入力ストリームをStream Analytics Query Languageと呼ばれるクエリ言語[23]で処理して出力を生成します。この言語については言語リファレンスマニュアル（https://msdn.microsoft.com/library/azure/dn834998.aspx）を参照してください。

　表示されているスクリプトを次のように書き換えます。

```
1  SELECT
2      *
3  INTO
4      [birdWatcher]
5  FROM
6      [tookImage]
```

23　Microsoft Transact-SQL(T-SQL)のサブセットです。

5.5　害鳥検出モデルの作成　　201

図5.5.16　ジョブ設定画面

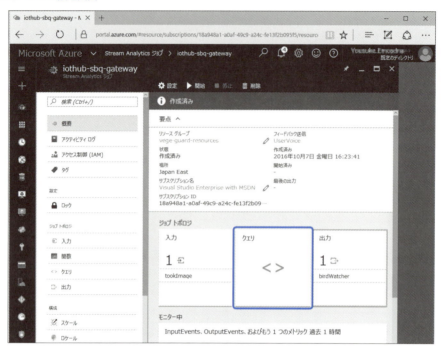

図5.5.17　クエリの編集画面

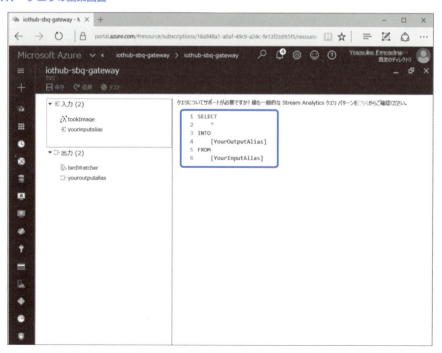

このスクリプトは、SQL的に解釈すれば「tookImage表から、すべての列を取り出し、bird Watcher表にコピーするとする」という意味です[24]。tookImageは実際にはIoT Hubに接続されており、birdWatcherはService Bus Queueにつながっているので、このスクリプトが動くと、表が作られる代わりに、データ転送が実現するというわけです。これはStream Anlyticsを使うときによく使う最も基本的なクエリです。

2行目の「＊」はすべての列を選択し、そのまま転送することを意味します。特定のデータだけを選択したい場合は、＊の代わりに列名を指定します。

今回のようにStream Analyticsの入力のイベントシリアル化形式にJSON形式を指定している場合は、JSONのキー文字列を列名として指定します[25]。

JSONデータの一般形式	{"キー文字列":値}

例えば、本書ではデバイス側から画像データを送るときに、キー文字列として「image」を指定しているので、次のようにスクリプトを書けば、画像データの部分だけをService Bus Queueに送ることもできます[26]。

```
1  SELECT
2      image
3  INTO
4      [birdWatcher]
5  FROM
6      [tookImage]
```

図5.5.18のようにスクリプトを修正したら、左上の「保存」をクリックします。

表示された確認ダイアログの「はい」をクリックします（図5.5.19）。

クエリの編集が完了したので、自分のサブスクリプション名が表示されているところの下にある「×」をクリックして、クエリ編集画面を閉じます（図5.5.20）。

---

24 INTO句の使い方と、表（入出力）の名前を角かっこ[]でクォートしているのは、標準SQLとは異なるT-SQL独自の方言です。

25 シリアル化形式にAvroを選んだ場合はスキーマで定義したフィールド名を列名に指定します。CSVでは入力データの最初の1行目に、各列の名称を入れたタイトル行が必要です。そこで指定した列の名前をSELECTで指定します。

26 デバイスからは画像データしか送っていませんが、IoT Hubを経由すると、IoT Hubへの受信時刻や、デバイスのIDといった付加情報が一緒に送られてきますので、適切なキー名を指定することでそれらを取り出すこともできます。後で解説する害鳥検出システムでは、受信データから画像だけを取り出して利用しているので、Stream Analyticsですべてを転送しても画像だけを転送しても動作に違いはありません。

5.5 害鳥検出モデルの作成　　203

図5.5.18 スクリプトの修正

図5.5.19 保存確認ダイアログ

図5.5.20 クエリ編集画面を閉じる

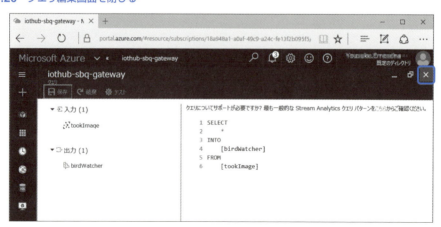

204　5章 ● プラットフォーム層の実装

図5.5.21 ジョブトポロジの作成完了

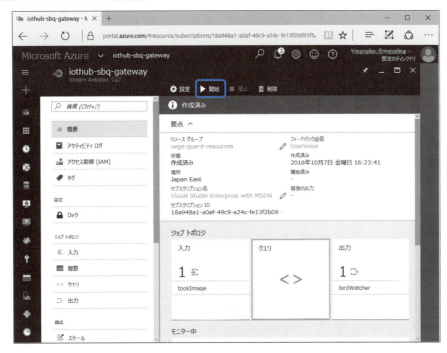

図5.5.22 ジョブの開始

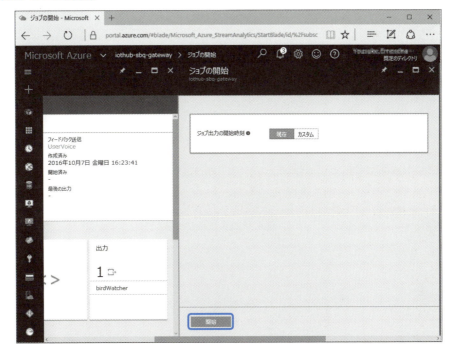

5.5 害鳥検出モデルの作成　205

以上でジョブトポロジの作成が完了しました。元のジョブトポロジ作成画面に戻ったら、画面中央上部の「▶開始」ボタンをクリックします(図5.5.21)。

そして、「ジョブの開始」画面が表示されたら、ジョブの開始パネルの下の「開始」ボタンをクリックし、Stream Analyticsジョブを起動します。数分以内に起動完了の通知が出ます(図5.5.22)。

【4】Service Busの設定

Stream Analyticsジョブの起動が確認できたら、続いて、Service Bus Queueの設定に移ります。この設定は、今までに作成したアプリや設定したクラウド上の他のサービス間の相互の通信・共有を実現するためです。

Azureポータルの一番左のサービス名またはサービスアイコンが並んでいるメニューを一番下のまでスクロールしたところにあるリンクから、Service Busを検索します(図5.5.23)。

図5.5.23　Azureポータルで「Service Bus」を検索

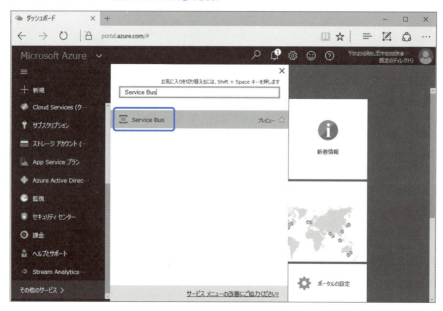

ここで、「Service Bus」をクリックし設定画面に移動します(図5.5.24)。

図5.5.24　Service Busの設定画面

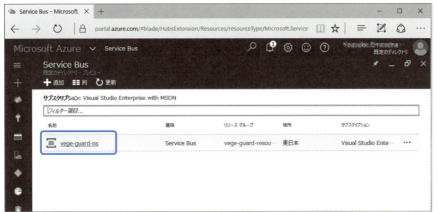

そして、Stream Analyticsジョブの作成のときに指定した名前空間「vege-guard-ns」をクリックします。

表示された画面（図5.5.25）の「キュー」の所にStream Analyticsジョブの作成のときに付けたキュー名「birdwatcher」が見つかります。キューの名前はすべて小文字に正規化されます[27]。キュー名をクリックします。

図5.5.25　キュー名の表示

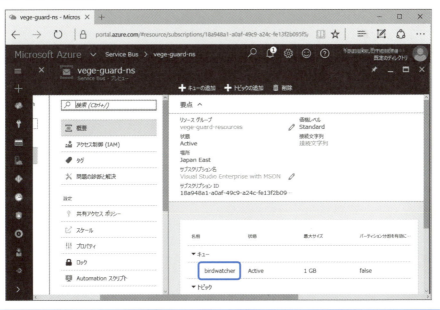

27　「Azureのリソースについて推奨される命名規約」http://bit.ly/2dZhMQLに、いくつかのリソースについての制限やルールが記載されています。参考にしてください。

「キュー」が開いたら、「共有アクセス ポリシー」をクリックします（図5.5.26）。共有アクセスポリシーとは、このリソースにアクセスするための、ユーザIDとパスワードのようなものだと考えてください。

図5.5.26 「共有アクセス ポリシー」画面

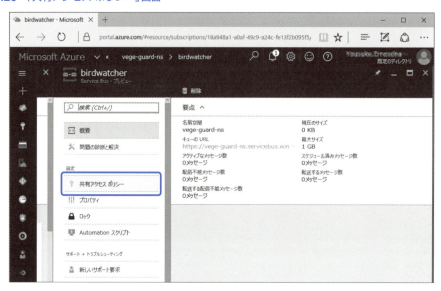

続いて、画面上部の「＋追加」をクリックします（図5.5.27）。

図5.5.27 「共有アクセス ポリシー」の追加

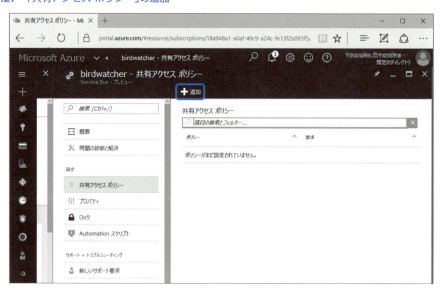

表示されたポリシーの設定画面（図5.5.28）では、新しい共有アクセス ポリシーのパネルの「ポリシー名」の所に「BirdWatcherAccess」と入力します。これがユーザ名に相当する文字列です。ポリシー名は大文字で始めて単語の境目を大文字にするのが慣例です。

　Claimの所に、このポリシーに与えるアクセス件を設定します。このポリシーは、次節で説明する「害鳥検出システム」が、キューからデータを読み出すためだけに使うものなので、「リッスン」だけにチェックを入れます。「作成」ボタンをクリックします[28]。

図5.5.28　ポリシーの設定

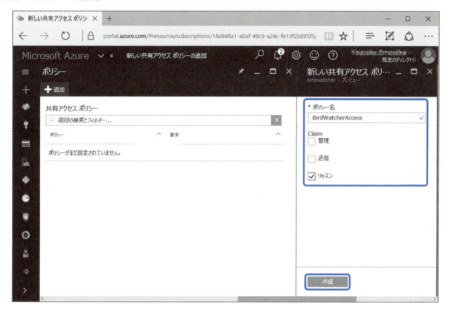

　「作成」ボタンを押して1分以内で「Service BusキューのSASキーの作成」が正常に成功したという通知がくるはずです。SASキーとは「Shared Access Secret Key」のことで、要するにパスワードのことです[29]。作成されたポリシー、「BirdWatcherAccess」をクリックします（図5.5.29）。

　以上で、「BirdWatcherAccess」という名前で、Service Busの設定が完了しました（図5.5.30）。

　今回の設定完了画面では、主キーと2次キー、そしてそれらを含んだ接続文字列2種類が表示されます。主キーと2次キーはどちらもパスワードとして利用できる文字列です。機能的な差はありません。

　接続文字列は、このキューにアクセスするための他の接続情報を含めて1つの文字列にしたものです。使うAPIの種類によって、キーそのものを使うか接続文字列を使うかが決まります。「害鳥検出システム」で使用するAzure SDK for Pythonでは、キー文字列そのものを使用します。

---

[28] 管理にチェックを入れると、送信とリッスンにも自動的にチェックが入り、すべての権限が有効になり便利ですが、必要以上の権限はセキュリティ事故の原因になるので、可能な限り与える権限は少なくする「最小権限の法則」を考慮するとよいでしょう。

[29] Service Busの認証について詳しくは「Service Bus の認証と承認」https://azure.microsoft.com/ja-jp/documentation/articles/service-bus-authentication-and-authorization/ をご覧ください。

図5.5.29 「共有アクセス ポリシー」作成する

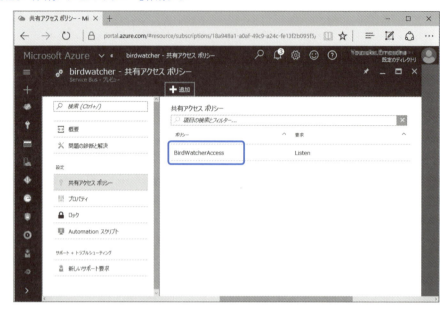

図5.5.30 Service Busの設定完了

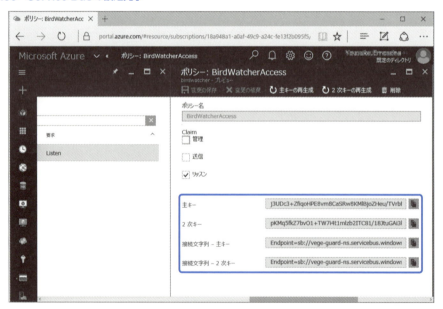

　主キー文字列の右にあるボタンをクリックすると、クリップボードにキーをコピーすることができます。後でプログラムのソースコードに張り付けて使用しますので、この画面を開いたままにするか、コピーしたものをメモ帳などに張り付けておくとよいでしょう。

5.6 害鳥検出システムのセットアップ

いよいよ害鳥を検出する仕組みを作ります。Service Bus Queue に届いたデータを、Python で受信するために、Azure SDK for Python を使います[30]。今回は SDK 全体をインストールするのではなく、必要なコンポーネントである Service Bus の SDK だけをインストールします[31]。また、Azure Service Bus が依存する requests パッケージも最新版にアップデートしておきます[32]。

● **Service Bus の SDK のインストールと requests パッケージのアップデート**

```
1   guard@vege-guard:~$ sudo pip install azure-servicebus==0.20.3
2   Downloading/unpacking azure-servicebus==0.20.3
3       Downloading azure_servicebus-0.20.3-py2.py3-none-any.whl
4   Requirement already satisfied (use --upgrade to upgrade): requests in /usr/lib/python2.7/dist-
    packages (from azure-servicebus==0.20.3)
5   Downloading/unpacking azure-common (from azure-servicebus==0.20.3)
6       Downloading azure_common-1.1.4-py2.py3-none-any.whl
7   Downloading/unpacking azure-nspkg (from azure-common->azure-servicebus==0.20.3)
8       Downloading azure_nspkg-1.0.0-py2.py3-none-any.whl
9   Installing collected packages: azure-servicebus, azure-common, azure-nspkg
10  Successfully installed azure-servicebus azure-common azure-nspkg
11  Cleaning up...
12  guard@vege-guard:~$ sudo pip install -U requests
13  Downloading/unpacking requests from https://pypi.python.org/packages/ea/03/92d3278bf8287
    c5caa07dbd9ea139027d5a3592b0f4d14abf072f890fab2/requests-2.11.1-py2.py3-none-any.whl#m
    d5=b4269c6fb64b9361288620ba028fd385
14      Downloading requests-2.11.1-py2.py3-none-any.whl (514kB): 514kB downloaded
15  Installing collected packages: requests
16      Found existing installation: requests 2.2.1
17          Not uninstalling requests at /usr/lib/python2.7/dist-packages, owned by OS
18  Successfully installed requests
19  Cleaning up...
20  guard@vege-guard:~$
```

続いて、「害鳥検出システム」の本体、bird-watcher.py をホームディレクトリの直下に作成します。

---

30 Service Bus を Python からアクセスする方法について詳しくはこちらをご覧ください。
    https://azure.microsoft.com/ja-jp/documentation/articles/service-bus-python-how-to-use-queues/
31 本書で必要なのは、azure-servicebus パッケージの 0.20.3 以降です。Service Bus のプロトコル仕様が変更になったため 0.20.2 以前は互換性がなくなり動かなくなりました。使用する Linux と Azure SDK のバージョンの組み合わせによっては、SDK 全体をインストールすると、0.20.3 以前のバージョンが導入される場合があるので、必要なパッケージのみをバージョンを指定してインストールします。
32 requests パッケージが古いと、bird-watcher.py を起動したときに 9 行の import に失敗することがあります。

●bird-watcher.py

```python
#!/usr/bin/env python
# coding: utf-8
from __future__ import print_function
import json, base64, time
from datetime import datetime as dt
import cv2
from azure.servicebus import ServiceBusService, Message
# urllibのTLS/SSL警告抑止
import requests.packages.urllib3
requests.packages.urllib3.disable_warnings()

# Service Bus Queueに設定するタイムアウト時間(秒)
interval = 60

# Service Bus通信用のパラメータ
sbs = ServiceBusService(
    service_namespace = 'vege-guard-ns',
    shared_access_key_name = 'BirdWatcherAccess',
    shared_access_key_value = 'ここに主キー文字列を入れます'
)
queue_name = 'birdwatcher'

# ファイルパス
cascade_file = "./pigeon/cascade.xml"   # カスケード分類器
image_dir = "./tookImage"               # 受信画像保存ディレクトリ

# デバイスから送られる画像データのJSONキー名
json_key= "image"

# OpenCVの検出用パラメータ
scale_factor = 1.1
min_neighbors = 3

# 受信データからJSON文字列部分を切り出す
def deserialize_message(datum):
    # 0x3dバイト目が0x9aなら2バイト、0x9cなら4バイトの文字列長が
    # 0x3eバイト目からリトルエンディアンで格納されている。
    length_size = ord(datum[0x3d]) # 文字列長のバイト数フラグ
    if length_size in { 0x9a, 0x9c }:
        length_size -= 0x98 # これでlength_sizeがバイト数になる
        order = 1
        length = 0
        for i in range(0, length_size):
            length += ord(datum[0x3e + i])*order
            order *= 256
```

```
46        start = 0x3e + length_size
47        end = start + length
48        return datum[start:end]
49    else:
50        return "{}" # 未知の形式。空JSONを返しておく
51
52  # 画像受信時の処理
53  def alert_action(time_str, detected, image_file):
54      n = len(detected)
55      if n > 0:
56          print("%s : %d pegion(s) detected." % (time_str, n))
57          # 撃退用ブザーを鳴らすなどの処理をここで行います
58      else:
59          print("%s : no pegion detected." % (time_str))
60      return
61
62  # カスケード分類器の読み込み
63  cascade = cv2.CascadeClassifier(cascade_file)
64
65  # 害鳥検出ループ
66  while True:
67      msg = sbs.read_delete_queue_message(queue_name, timeout = interval)
68      if (msg.body != None):
69          datum_json = json.loads(deserialize_message(msg.body))
70          datum = base64.standard_b64decode(datum_json[json_key])
71          time_str = dt.now().strftime('%Y%m%d-%H%M%S-%f')
72          image_file = image_dir + '/' + time_str + '.jpg'
73          fp = open(image_file, 'wb')
74          fp.write(datum)
75          fp.close()
76          image = cv2.imread(image_file)
77          detected = cascade.detectMultiScale(image, scale_factor, min_neighbors)
78          alert_action(time_str, detected, image_file)
```

● **bird-watcher.py** の使い方

```
1  guard@vege-guard:~$ mkdir tookImage          （初回のみ）
2  guard@vege-guard:~$ chmod u+x bird-watcher.py （初回のみ）
3  guard@vege-guard:~$ ./bird-watcher.py
4  20161008-140101-089017 : 3 pegion(s) detected.
5  20161008-140857-386268 : no pegion detected.
6  20161008-142537-218732 : 1 pegion(s) detected.
7     : (終了するときは [CTRL]+[C] を入力してください)
```

5.6 害鳥検出システムのセットアップ

● bird-watcher.pyの動作解説

bird-watcher.pyの動作を大まかに説明すると次のようになります。

① Service Bus Queueへの接続準備をする。

② Service Busから写真のデータが届くのを待つ。

③ 受信した写真データを保存する。

④ 保存した画像から害鳥検出を行う。

⑤ 害鳥が見つかったら、アクションをする。

⑥ ②に戻る。

〈プログラムの詳細〉

- ①に相当する処理を実行しているのは16〜20行です。Service Bus APIの中心となるServiceBusServiceクラスのインスタンスを作成します。、Service Busの名前空間と、共有アクセスポリシー名とキーを初期化パラメータに与えて、sbsという変数に設定します。

- ②〜⑥の繰り返しを実行しているのは66〜78行のwhile文によるループです。ループの先頭の67行のsbs.read_delete_queue_messageというメソッドは、最大timeout秒まで、Service Bus Queueにデータが到着するのを待機します。データが到着したら、それをキューから削除して、戻り値としてMessage型のオブジェクトとして返します。

- 受信したデータはMessage.bodyに文字列型で格納されますが、read_delete_queue_messageメソッドがタイムアウトした場合は、Message.bodyがNoneとなるので、受信に成功したのかタイムアウトしたのかがわかります。

- read_delete_queue_messageはシンプルで使いやすいAPIですが、高い信頼性が要求されないシーンで使います[33]。

- 68行で戻り値のmsg.bodyを確認し、受信に成功したとき69〜78行が実行されます。このうち、69〜70行がテキスト化されJSON化された受信データを、元のJPEGバイナリに戻す処理、71〜75行がファイル名を付けてそれを保存する処理、76行で保存したファイルから改めて画像を読み取り77行で画像検出を行い、78行で検出結果に対するアクションを実行する、という流れになっています。

- 69行で呼ばれているdeserialize_message(msg.body)という関数は、35〜50行で定義されています。この関数は、受信したデータから余計なものを取り除いてJSON文字列だけを取り出す関数です。

- 本来、msg.bodyに受信されるデータは、Stream Analyticsジョブの設定で出力のシリアル化

---

33 このAPIでデータを取り出したプログラムが異常終了すると、キューからはデータが取り除かれてしまうので、未処理のまま取りこぼしとなってしまいます。それが許されないような環境では、データをキューに残したまま、他のソフトウェアが取り出さないようにロックを掛けてからデータを手元にコピーして、処理に成功したらキュー上のデータを削除するという手順を踏みます。こうすればソフトウェアが異常終了してもキューにデータが残っているので再処理をすることが可能になります。こうした目的にはreceive_queue_messageというAPIを使用します。

214   5章 ● プラットフォーム層の実装

表5.6.1 **Service Bus Queue**から受信されるバイナリデータ構造の推定

オフセット	タイプ	データ	意　味
00h	文字	'@'	不明
01h	整数	6	続く文字列の長さ
02h ～ 07h	文字列	"string"	データ型？
08h	文字？	08h	不明
09h	整数	33h	続くURLの長さ
10h ～ 3ch	文字列	"http://schemas.microsoft.com/2003/10/Serialization/"	
3dh	フラグ？	9ah：データ長は2バイト 9ch：データ長は4バイト	データ長が何バイトで表現されるか
3eh ～ 3fh または 3e ～ 41h	整数	リトルエンディアンの2または4バイト	実データの長さ
40hまたは 42h ～最後の 1バイト手前	文字列	受信したJSON文字列	実データ本体
末尾1バイト	整数？	01h	不明

形式をJSON、エンコーディングをUTF-8と設定したので、そのままJSON文字列であることが期待されますが、代わりにJSON文字列を含んだバイナリデータが受信されます。検索してみましたが、このフォーマットについての資料も、受信データをデコードするAPIも見つけることができませんでした。

- 仕方なく、受信データをバイナリダンプして内部表現を解析し、受信データから実データの部分を取り出すための関数を作成しました[34]。データフォーマットの推測結果を表5.6.1に示します。
- この推定に基づいて、38 ～ 40行で、先頭から3dhバイト目、10進数でいえば61バイト目のデータが9ahであるか9chであるかに基づいて、文字列長が何バイトで表現されているかを決定し、41 ～ 45行で、2または4バイトの文字列長を、1バイトずつ取り出してはデコードし、46 ～ 47行で受信データのうち、実際にJSONを含む範囲を計算し、48行でJSON文字列を戻り値として返します。

34　正式なドキュメントや仕様書が存在しないデバイスやAPIの繋ぎこみなどでは、こうしたデータフォーマットの推定が必要なことがあります。推定して作ったコードは、継続的に動作確認テストをしてください。予期せぬ仕様変更も起こりえます。なるべくならこうした推定はしないで済ませたいものです。

5.6　害鳥検出システムのセットアップ

- もしも3dhバイト目に9ahでも9chでもない見知らぬデータが入ってきたときには、解析失敗とみなして空のJSON文字列を戻すようにしています。

- 69行のdeserialize_message()関数はJSON文字列を返します。json.loadsで、そのJSONをPythonの辞書型へと変換します。70行ではその中から「image」キーに対応する値を取り出して、BASE64でデコードしてバイナリに戻してdatum変数に格納しています。

- 71行では現在時刻を文字列化しています。ここで使用するnow()などのメソッドは、datetimeパッケージをそのままimportしてしまうとdatetime.datetime.now()というように、冗長な書き方をすることになります。5行はよく使われる書き方で、「datetime.datetimeをdtという名でアクセスできるようにimport」して、簡略的に書けるようにしています。now()で取り出した現在時刻にstrftimeで書式指定をして"年月日-時分秒-ナノ秒"の形式の時刻文字列を作っています。

- 72〜75行では、25行で設定している画像保存用ディレクトリ名の下に、「時刻文字列」+「.jpg」という名前で画像ファイルを保存しています。ナノ秒までの時刻を付けているので、短時間に連続して画像を受信した場合でも、まずファイル名が衝突することはないでしょう。

- 76行でOpenCVに画像を読み込ませて、77行のdetectMultiScaleで画像検出を実行させています。detected変数に見つかった場所の矩形座標のリストが返ってきます。これをそのまま78行のalert_action関数に渡しています。

- alert_action()関数は53〜60行で定義されています。現在は、見つかった座標の数だけを調べて、それを表示しています。害鳥を撃退するためのコードは57行のコメントの所に挿入することを想定しています。

　これらの動作はWhile True:の無限ループの中で実行されるので、停止する場合はCTRL+[C]で明示的に停止してください。

Column デバイスから受信した画像の保存 ―「教師データ」の追加とグレードアップ―

　bird-watcher.pyのコードでは、デバイスから受信したデータを "./tookImage" というディレクトリ に保存していますが、アノテーション作成システムで使用する画像フォルダに保存すれば、デバイスか ら受信した画像を学習用の「教師データ」に追加していくことができます。具体的には、bird-watcher. pyの25行を、次のように変更します。

```
image_dir = "./annotate/static/images"
```

　実際に使用される現場で撮影された画像は、良質な「教師データ」となることが期待できます。

　画像データが集まったら、updateimagedb.pyを実行して、画像データベースに登録する必要が ありますが、Linuxのcron(8)のように定期的にタスクを実行する仕掛けを用いて、例えば毎晩深 夜に実行するようにしたり、bird-watcher.pyの害鳥検出ループの中で、キューの受信タイムアウ トが続いたときに実行するようにしたり、自動的に実行させると便利です。

　こうすることで、人手の介在が必要なアノテーション付けの作業は、作業者の都合のよいときに いつでも実行できるようになります。

　また、genannotfile.py、opencv_createsamples、opencv_traincscadeといった一連のコマ ンド実行も自動化すれば、アップデートされたデータベースからベクトルファイルの生成、新モデル のトレーニング、モデルファイルの更新といった作業までも自動化することができ、人間は時々 アノテーションを追加するだけ、という運用が可能になります。

　さらなる応用としては、画像データをファイルシステムに保存するばかりでなく、Azure Blobや Azure上の各種データベースに格納すれば、データの再利用性を高めたり、Azure MLを使って独 自の画像認識エンジンを実装するといったことも可能になります。

5.6　害鳥検出システムのセットアップ　　217

5.7 害鳥撃退システムへのヒント（本章のまとめ）

bird-watcher.pyでは、害鳥を検出したときに、明確に害鳥を撃退する仕組みを実装しませんでした。例えば、撃退デバイスにコマンドを送信して、案山子ロボットを動かしたり、音響ブザーを鳴動させるといったことが考えられます。

今回のプログラムでは使っていませんが、ソフトウェアの機能としては、撮影画像のどこに害鳥が写っているのかがわかっています。したがって、カメラから害鳥への角度がわかります。図5.7.1に示したように、間隔をあけて配置した2台以上のカメラ[35]で害鳥検出を行えば、三角測量の原理で害鳥の正確な位置を特定することができます[36]。狙いを定めて水鉄砲を撃つような仕掛けも実現できるでしょう。

図5.7.1 視差を用いた距離の測定

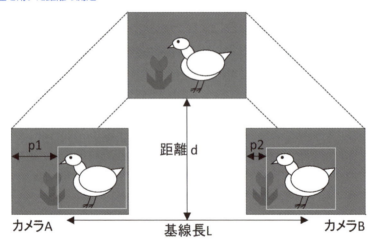

IoTでは人が介在しないことが基本なので、すべての仕組みは可能な限り人が見守る必要がないように考える必要があります。運用の負荷を下げるための自動化も大切ですが、最も重要なのは、デバイスの故障や通信の途絶、プログラムのミスなど、様々な要因があった場合にも、生命や財産の安全が保たれることです。

---

[35] このようなカメラシステムをステレオカメラと呼びます。
[36] 図5.7.1のp1の大きさからカメラAから害鳥への角度、p2からカメラBから害鳥への角度がわかります。基線長Lは設置時にわかっているので、害鳥までの距離と位置を計算することができます。実用にするためにはp1, p2, Lに高い精度が必要です。また、一度にたくさんの害鳥が検出されたときにどうするかなど、チャレンジングな課題をいくつも含んでいます。

特に迎撃システムは作り方を誤ると、危険や迷惑なものになり得ますので、例えば、

- デバイスが濡れたり踏み壊されても感電や火災を起こさない設計
- 案山子ロボットは風船など人にぶつかっても安全な構造
- 水鉄砲が誤って他人の敷地にまで飛ばない安全対策
- 夜間は音響ブザーを鳴動しない配慮

など、無人で運用するためには信頼性や安全性に関して、様々な考慮が必要になるでしょう。

5.7　害鳥撃退システムへのヒント（本章のまとめ）

6章

オペレーション層の実装

● IoT システムのセキュリティ設計

　この章では IoT システムにおけるセキュリティ（以下「IoT セキュリティ」と表記）に関する基本的な考え方を整理した上で、IoT システムの開発・構築におけるセキュリティ設計の流れについて描き出してみたいと思います。これにより、少しでも IoT システムが生み出す新たな価値やサービスが社会に広く浸透していくことを期待しています。

6.1　IoT セキュリティをとりまく動向

6.2　IoT セキュリティの特徴

6.3　IoT セキュリティ設計のプロセス
セキュリティリスクを判断・分析し、どのように対応するか

6.4　IoT セキュリティのこれから

6.1 IoTセキュリティをとりまく動向

IoTの普及に伴って、IoTにまつわるセキュリティを心配する声が広がっています。例えば、米国の調査会社であるIDC（Internet Data Center）が2014年末に公表したレポート[1]では、IoTの普及により90%のITネットワークがセキュリティ侵害を受けると予測しています。

また、米国連邦取引委員会（FTC：Federal Trade Commission）が発行したIoTのセキュリティに関するレポート[2]では、IoT利用の拡大がもたらすリスクとして、次のような点を指摘しています。

- IoTによって生み出される個人や企業に関する情報への不正なアクセスや悪用
- IoTに関連する周辺システムへの攻撃の増加
- IoT機器の悪用による個人の物理的な安全性への脅威
- IoTによってもたらされる直接的、あるいは間接的なプライバシーリスク

日本においても、政府が2015年9月4日に閣議決定した「サイバーセキュリティ戦略」[3]にIoTが取り上げられています。サイバーセキュリティ戦略の目的は

「自由、公正かつ安全なサイバー空間」を創出・発展させ、もって
「経済社会の活力の向上及び持続的発展」、
「国民が安全で安心して暮らせる社会の実現」、
「国際社会の平和・安定及び我が国の安全保障」に寄与する。

というものであり、今後3年程度の日本のセキュリティ戦略の方向性を示しています。

40ページからなるこのサイバーセキュリティ戦略にはIoTという言葉が48回も出てきており、これまでのITだけでなく、IoTのセキュリティへの関心が高いといえるでしょう。

中でも5.1項の「経済社会の活力の向上及び持続的発展」においては、IoTを活用したビジネスチャンスの獲得や拡大を「我が国の経済社会の活力の向上及び持続的発展にとって極めて重要である」とした上で、IoTにおけるセキュリティを次のように位置づけています。

---

1 IDC FutureScape for Internet of Things
  https://www.idc.com/getdoc.jsp?containerId=prUS25291514
2 Internet of Things: Security & Privacy in a Connected World
  http://www.ftc.gov/system/files/documents/reports/federal-trade-commission-staff-report-november-2013-workshop-entitled-internet-things-privacy/150127iotrpt.pdf
3 サイバーセキュリティ戦略
  http://www.nisc.go.jp/active/kihon/pdf/cs-senryaku-kakugikettei.pdf

「企業が、IoT システムを通じて新たなサービスを提供するに当たっては、市場における個人・企業が当該サービスに期待する品質の要素としての安全やセキュリティ、すなわち「セキュリティ品質」が保証されていることが前提である。例えば、サイバー攻撃によりモノが意図しない動作をするよう遠隔操作されたり、ウェアラブル端末を通じて個人に関する情報が窃取されたりといった実空間に密着したリスクや、1回のサイバー攻撃で多くのステークホルダーが関与するデータベースから数百万、数千万件の個人情報等が流出するといった経済社会に重大な影響を及ぼすリスクは、こうしたサービスの信頼性や品質を根本的に損なう。このため、IoT システムの提供するサービスの効用と比較してセキュリティリスクを許容し得る程度まで低減していくことが、今後の社会全体としての課題（チャレンジ）となる。」（下線筆者）

　このように、IoT が先行する米国のみならず、日本においても IoT 利用の拡大がもたらすセキュリティ面のリスクが指摘されています。IoT がもたらすメリットとうまくバランスしながら、IoT の利用を拡大することが社会全体のチャレンジとされているといってよいでしょう。
　しかし、実際の IoT システムの開発・構築にあたっては、セキュリティを具体的にどのように考え対応していけばよいか、困惑してしまう場面が少なくありません。

6.1　IoTセキュリティをとりまく動向　　223

6.2 IoTセキュリティの特徴

IoTセキュリティについて考えるにあたって、セキュリティの視点を織り交ぜて、IoTシステムの特徴をいくつか挙げてみましょう。

(1) センサーやカメラによってヒトやモノに関するデータを自動的、持続的に収集する（図6.2.1）

⇒IoTの利用シーンとして、センサーやカメラを活用してヒトやモノに関する情報を取得し、インターネットやクラウド上のサービスに集めて、業務、作業の状況を可視化したり、最適化に向けて分析したりするシナリオが考えられます。毎日行う業務の可視化・最適化のためには、データ収集を自動化して、継続的に取得することが必要です。業務内容を捉えているデータですから、情報漏えいしないようにシステムの機密性を高める必要がありそうです。

(2) センサーやカメラはいろんな場所におかれている（図6.2.2）

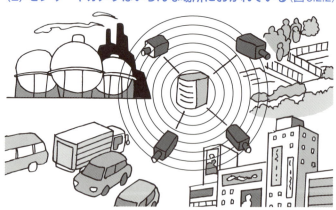

⇒ヒトやモノに関する情報を取得するためにセンサーやカメラはいろいろな場所に設置されます。1)化学プラントや発電設備が正常かつ安全に稼働しているかどうか、2)踏切で列車通過時に人や車が侵入してこないかどうか、3)駐車場でクルマをどこに誘導するか、4)建物や設備の利用状況がどうなっているかなど、さまざまなIoTのシナリオに合わせて利用シーンが考えられます。その中で不特定多数の人が行き交う環境に設置したセンサーやカメラへのいたずらや盗難を予防するためには、物理セキュリティについて考える必要がありそうです。

(3) センサーやカメラが集める情報には、個人を特定する情報が含まれる可能性がある（図6.2.3）

⇒例えば、店舗や広場における人の動線や分布状況を把握してより良い商品配置や安全を考慮した誘導を実現する、といったようなカメラを活用したIoTの利用シナリオが考えられます。街や店舗の中で利用されている監視カメラはセキュリティ対策として目的を明確にして配置、利用されていますが、カメラを活用したIoTの利用シーンでは取得する映像、画像データの利用にあたって目的を明確にして、個人のプライバシーについて配慮する必要がありそうです。

(4) データを集めるためには様々な種類のネットワークを利用する（図6.2.4）

⇒本書で取り上げているベランダや庭に設置したカメラからゲートウェイへのデータ送受信にはWi-Fiを使用しますが、利用するセンサーやデバイスの種類によってはBlueTooth、ZigBee、Wi-SUN、EnOcean、Dust Networksのような無線通信技術やUSB、RS-232C、RS-485、Modbusなどの有線通信技術の中から用途に適したものを選択します。また取得したデータをインターネットやクラウド上のサービスに集める部分でもさまざまな種類の回線サービス（3G/LTE、インターネット、固定回線、公衆Wi-Fiなど）を利用します。デバイスとゲートウェイ、ゲートウェイとクラウドの間で送受信されている途中のデータの保護について考える必要がありそうです。

(5) 収集された様々な種類のデータを組み合わせて、分析する（図6.2.5）

⇒例えば、商業施設で来場者へのおもてなし度合いを高めるためにIoTの利用シナリオを考えることになったとしましょう。スマートフォンやビーコンにより来場者の位置を確認しながら、1)割引クーポンの配布やお得情報を提供する、2)行列ができるレストランへの予約案内をスマートフォンで行う、3)駐車場に停めたクルマへの最短経路を案内する、などのサービスを提供する場合、一つ一つのサービスでは個人を特定していなくてもおもてなしすることが可能なのですが、サービスを横断的に分析することで個人が特定される可能性を利用者が感じてしまうため、プライバシーポリシーを明示する必要がありそうです。

(6) 時系列的な分析を行うために、収集された様々な種類のデータは長期間保存される傾向がある（図6.2.6）

⇒多くのIoTシナリオにおいては時系列的な分析を行う、あるいは機械学習の精度を向上させるために、さまざまな種類のデータを長期間保存する傾向があります。例えば、本書で取り上げている鳥の検知する仕組みですが、精度を向上するためにはカメラの前にとまった鳥の画像をすべて蓄積していきます。画像データだけでなく、温度、湿度、風向、天候などのデータも合わせて保存し、分析に活用することで、鳥の出現や種類の分析に役立ちます。分析や判別の精度を向上させるという点では長期間にわたるさまざまなデータの保存は有効ですが、セキュリティリスクが高まることを同時に考慮する必要がありそうです。

(7) 分析の目的によっては、第三者に収集したデータを渡す場合もある（図6.2.7）

⇒センサーやカメラから得られたデータを分析、解析したり、機械学習によって処理したりすることで、さまざまなIoTシナリオが実現できるのですが、なかにはデータの分析・解析を自社内で実施できないケースも考えられます。ヒトにまつわるデータの場合には、プライバシーの観点で第三者に渡してよいデータか、そうでないかを判断する必要がありそうです。また、モノにまつわるデータの場合は、業務上の観点で営業秘密や機密データに属していないかどうか、という観点で第三者への提供が可能かどうかを判断する必要がありそうです。

　こうしていくつかの適用シーンを並べてみると、データ漏えい対策や暗号化など、既知のITセキュリティ対策でまかなえそうなものもあれば、少し工夫が必要となりそうな項目も含まれています。それぞれの対策については、この章の後半で見ていきますが、セキュリティ対策の進め方として思いつくままに列挙して片っ端から適用していくだけで、果たして安心して利用できるIoTシステムができあがるものでしょうか？

　システムのセキュリティ対策で重要な視点として、システムの安全性はその中の最も弱い部分（the weakest link）によって決まるという考え方があります。英語の"A chain is only as strong as its weakest link"（鎖全体の強さは、その中の最も弱い環によって決まる）というフレーズでこれまで語り継がれてきたように、システムのどこかに弱いポイントがあれば、全体のセキュリティレベルはその弱さのレベルまで下がってしまいます。どれだけ堅くて強い環がつながった鎖であっても、たった1つの環でも脆くて弱ければ、弱い環に耐力以上の力が入ればその環のところで切れてしまい、鎖としての役目を果たさなくなります。

　このため、システム全体の中でどこが弱点になるのかを見つけ出して、対策を考えるアプローチが必要になります。これをセキュリティ設計と呼びます。

6.3 IoTセキュリティ設計のプロセス
セキュリティリスクを判断・分析し、どのように対応するか

　機器やシステムに対する脅威を分析し、確実なセキュリティ対策を決めていくためのセキュリティ設計に必要なのは、システムにもたらされるセキュリティリスクを判断し、どのように攻撃が発生するかを分析するプロセスです。

　この分析プロセスでは、対策が必要とされるセキュリティリスクの洗い出しと対策方法を決めることが目標となります。この行程を踏むことにより、セキュリティに関する不具合の原因を早期に発見し、システム全体のセキュリティ要件の理解を進めることも可能になります。

　セキュリティ対応のコストは、運用段階になると設計段階の60〜100倍必要となる、という試算[4]もあり、機器やシステムを設計する段階で、できるだけ早期に対応を始めることが必要だといわれています。

　セキュリティ設計は、次の4つのステップで構成されます。

　では次に、それぞれのステップについて詳しく解説していきましょう。

---

[4] Kevin Soo Hoo, "Tangible ROI through Secure Software Engineering" Security Business Quarterly, Vol.1, No.2, Fourth Quarter, 2001

6.3.1 開発するシステムを把握する

　はじめのステップは、これから作ろうとするシステムを把握することです。開発するシステムを把握する第一歩は、システム構成図を描くことです。システム構成図にはいくつかの種類があるのですが、IoTセキュリティによって守るべきものはデータであるという考え方からデータのやりとりを可視化するために、データフローダイアグラム（DFD：Data Flow Diagram）またはデータフロー図と呼ばれる図を使ってシステム構成を描きます。

　本書では今後データフロー図と呼びますが、これは図6.3.1にその例を示すように、システムの入力と出力がどんな情報なのかを示し、データがどこから来てどこに行き、どこに格納されるのかなど、システムのデータの流れを可視化する図です。

図6.3.1　データフロー図（「鳥害対策IoTシステム」のデータフロー図）

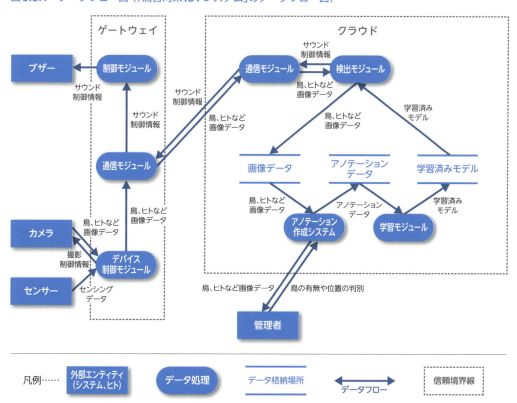

　図6.3.1は本書で取り上げている「鳥害対策IoTシステム」を例に、鳥を検出するプロセスをデータフロー図として示したものです。2章でも解説しましたが、「鳥害対策IoTシステム」は鳥による被害が発生するようなシチュエーションにおいて、鳥の存在を検知し、鳥を追い払うことが目的

6.3　IoTセキュリティ設計のプロセス

です。ゲートウェイに接続されたセンサーで検知した鳥類をカメラで撮影し、Azureクラウド上にある機械学習で分析して、害鳥であれば鳥に対してアクションするシステムです。

なおこの図は、図が煩雑になるのを避けるために、「鳥害対策IoTシステム」の構築にあたって最初に必要となる学習済みモデルの作成プロセスは省略してあります。

では、図の凡例に沿ってデータフロー上の主な構成要素について説明しましょう。

●外部エンティティ

実線の四角形は「外部エンティティ」です。データを入力あるいは出力するような情報システムやヒト、組織を表しています。例えば、センサーからの情報によって指示されたカメラは目の前にいるヒトや動物などを撮影した画像を、ゲートウェイから通信モジュール経由で検出モジュールにデータとして入力します。

また、〈管理者〉はアノテーション作成システムを利用して、撮影した画像に鳥が写っているかいないかを判別し、写っている場合には画像内の鳥の位置を含めて、アノテーションデータとして出力します。

●データ処理

長円で囲まれた「データ処理」は、データが処理されるシステムやモジュールを表しています。例えば、ゲートウェイから送られてきた画像データが正しい相手から送られてきているかどうかを通信モジュールで判断して、正しい相手からの場合のみ受け取ります。受け取った画像データは、検出モジュールに送られて、学習済みモデルを読み込んで鳥が写っているかを判定します。鳥を追い払うという判定結果が出れば、通信モジュール経由でブザーを鳴らすためのサウンド制御情報をゲートウェイに送ります。

一方、〈管理者〉がアノテーション作成システムを使用してアノテーションデータを作成すると、学習モジュールは新たなアノテーションデータをもとにして分析を行い、学習済みモデルを更新します。

●データ格納場所

データが格納される「データ格納場所」は2本の実線で挟まれて表されています。今回の例ではセンサーやカメラから発生したデータはデバイスやゲートウェイには格納されません。

一方、クラウド側では画像データ、アノテーションデータ、学習済みモデルが格納されています。

●データフロー

矢印で記されているのがデータの流れ、どこから来てどこに行くかを表す「データフロー」です。データの行き先を表すので方向性があります。新しく増えたアノテーションデータをもとにした学習済みモデルの更新のような更新処理を行うような場合には双方向で表しています。また、どのようなデータが流れるかについては矢印のそばに記すことで明記します。

●信頼境界線

点線で囲まれた四角形は「信頼境界線」です。「トラストバウンダリ」と呼ばれることもあります。信頼の度合い、レベルが変わる境界を表しており、この境界をまたいで発生するデータのやりと

りについては一歩踏み込んだセキュリティ対策が必要です。現実社会における例を挙げると、空港のセキュリティチェックや機密情報を扱う組織の出入口をイメージしてください。

　ここで準備するデータフロー図は、システムにおけるデータのやりとりを可視化する目的で作成します。言い換えると、システムのアプリケーションとしてのロジックや運用管理の手順、あるいは障害発生時の対策を漏らさず洗い出すことを目的として作成するわけではありません。

　したがって、システムにおけるデータのやりとり（データフロー）が網羅され、データのやりとりに関係するデータ処理プロセスや外部エンティティが洗い出されて、信頼境界線が確定したら次のステップに進むことが可能になります。

6.3.2 　システムに潜むセキュリティリスクを理解する

　データフロー図によってデータのやりとりが可視化されれば、次のステップはシステムに潜むセキュリティリスクの洗い出しです。

(1) システムに潜むセキュリティリスクの分類

　効率良くセキュリティ上の脅威を洗い出すためにマイクロソフトが開発したSTRIDEと呼ばれる脅威を分類する手法（脅威モデリングと呼ばれている）がよく使われています。以下ではこのSTRIDEを使用して説明を進めます。

　システムに幅広く見られる脆弱性や未知の攻撃のタイプを把握するために、セキュリティ上の脅威を6つのカテゴリに分類して、頭文字を取ったのがSTRIDEです。それぞれの脅威についてIoTシステム特有のリスクも含めて解説しましょう。

表6.3.1　脅威モデリングSTRIDEによる脅威の分類

STRIDEによる脅威の分類	脅威によって損なわれる性質・機能	どのような脅威なのか？
なりすまし【S】(Spoofing)	認証	誰か、あるいは何かになりすます
データの改ざん【T】(Tampering)	完全性	システム内にあるデータを改ざんする
否認・とぼけ【R】(Repudiation)	否認防止	何もやっていない、あるいは責任がないと主張する
情報漏洩【I】(Information disclosure)	機密性	情報を閲覧・処理する権限がない者に情報を提供する
サービス妨害【D】(Denial of service)	可用性	サービス提供のためのシステムリソースを使い切る
特権の昇格【E】(Elevation of privilege)	権限付与	処理権限がない者に権限を与える

6.3　IoTセキュリティ設計のプロセス　　231

【S】なりすまし（Spoofing）

なりすましとは、誰かあるいは、何かになりすますことです。実在するヒトや会社になりすますこともあれば、架空のヒトや会社になりすますこともあります。例えば、金融機関になりすましてメールを送り、住所、氏名、銀行口座番号、クレジットカード番号などの個人情報を詐取するフィッシング詐欺や、日本年金機構からの個人情報流出のきっかけとなった関係者を装った偽メールなどがなりすましの例として挙げられます。

また、なりすましの対象はヒトや組織だけではなく、システム上の実行プロセス、データ、マシンなどのIT資産の場合もあります。例えば、マルウェアなどによって、本来無害なはずの実行コード（例：explorer.exe）が情報流出などをもたらす悪意のあるコードに置き換えられ、あたかも正常なプロセスであるかのように振る舞い、結果として情報漏えいが起きるケースがあります。あるいはIPアドレスやDNSの仕組みを悪用して本来送るべきではない通信先になりすますことで、不正な宛先の機器にデータを送るケースもあります。

• IoTシステム特有のリスク対策

IoTシステム特有のなりすましリスクには、接続されるセンサーやデバイスのなりすましが考えられます。コストやスペースなどの要件から、接続されるデバイスやセンサーに高度な処理が可能なCPUやボードが乗せられない構成が考えられますが、その場合のセンサーやデバイスの認証方法をどうするかについて検討が必要です。

接続されるデバイスやセンサーが獲得するデータの種類によって、1つひとつのデバイスやセンサーに識別子（ID）を割り当てる必要が出てきます。その場合の識別子（ID）を割り当てる方法についての検討が必要になることもあります。また、不正な識別子（ID）を持ったデバイスやセンサーの検出方法についても検討が求められるかもしれません。

【T】データの改ざん（Tampering）

データの改ざんとはディスク上、メモリ上、あるいはネットワーク上にあるデータが書き換えられることです。ユーザーが保管しているデータを書き換えるケースもあれば、データベースのデータレコードを書き換えるようなケース、あるいはシステム構成上必要とされる設定ファイルやアプリケーションの実行ファイルが考えられます。

また、データの送受信を行うネットワークを流れるデータの改ざんが考えられます。なりすましで見たような本来送るべきではない通信先になりすます攻撃の初手として、通信データの改ざんにより不正な宛先との通信を実現する中間者攻撃（「Man in the middle攻撃」とも呼ぶ）という手口が使われるケースがあります。

• IoTシステム特有のリスク対策

IoTシステム特有の改ざんリスクには、接続されるセンサーやデバイスにおけるデータの改ざんが考えられます。なりすましのところで見たように、接続されるデバイスやセンサーに高度な処理が可能なCPUやボードが乗せられない構成が考えられますが、その場合のデータの保護方法

について考える必要があります。

　加えて、接続されるセンサーやデバイスから本来意図しないデータが入力されないようにする方法の検討が必要です。例えば、倉庫内を監視するカメラの前にその倉庫内を写した写真を置くことで、本来監視しなければならない倉庫内が映らなくなるようなケースです。収集したデータから分析を行う、あるいは分析結果を基に自動制御するようなシステムの場合には、このようが意図しないデータが分析結果や自動制御に対して悪影響を及ぼさないようにする必要があります。また、意図しないデータの入力が避けがたい場合には、誰がいつデータを入力したかを検知し、後に証拠として提示できる仕組みを考える必要があります。

【R】否認（Repudiation）

　否認は、システムの利用者などが実際には操作や処理を行ったにもかかわらずこれを否認し、システムの提供者が否認が事実かどうかは別として証明する方法がない状況のことを指します。他の脅威と違い直感的に少しつかみにくい脅威です。悪意を持って否認を行うケース（例：100個の商品を注文したにも関わらず否認する）もあれば、悪意なく否認を行うケース（例：注文ボタンを複数回押したにも関わらず否認する）もあります。

・IoTシステム特有のリスク対策

　否認に関係するものとして、システムログがあります。否認防止策で重要なのは利用者などが実際には操作や処理を行ったことを証明することです。否認防止のためには第三者から見て信用できるログシステムを導入・運用することが重要です。

【I】情報漏えい（Information disclosure）

　情報漏えいは、データの改ざん同様にディスク上、メモリ上、あるいはネットワーク上にあるデータが漏えいし、情報を閲覧・処理する権限がない者が情報を入手することです。ユーザーが利用しているファイルやデータベースに含まれるビジネス情報の漏えいもあれば、システム構成情報（設定ファイル、ディレクトリ情報、ハードウェア構成等）やログファイルなど他の攻撃における悪用につながるシステム情報の漏えいも含まれます。

　多くの情報漏えいは、ネットワークを媒介して外部に情報が送信されます。マルウェアなどによって、ユーザーデータやシステムデータが不正なサイトに送信されるケースもあれば、SNSや掲示板に不用意に書き込んだ情報が結果として情報漏えいとなってしまうケースもあります。

・IoTシステム特有のリスク対策

　IoTシステム特有の情報漏えいリスクには、接続されるセンサーやデバイスからの情報漏えいが挙げられます。センサーやデバイスにおけるデータ保護だけでなく、クラウドや社内システムに接続するためのネットワークにおける暗号化などのデータ保護も検討が必要です。

　また、物理的にセンサーやデバイスが盗まれる、あるいは持ち去られた場合の情報漏えいへの検討も必要です。センサーやデバイス上に処理のために一時格納されているデータの保護だけで

6.3　IoTセキュリティ設計のプロセス

なく、デバイスの設定情報やデータの暗号化に使われる暗号鍵などのシステム構成情報への対策も併せて検討が必要です。

　IoTシステムがプライバシーに関わるデータを扱っている場合には、デバイスやセンサーだけでなくIoTシステム全体で情報漏えい対策を検討する必要があります。情報漏えい対策そのものだけでなく、万が一漏えいした場合にも個人を特定できない、あるいは複数のデータとつきあわせても個人を特定できないようなデータ構造をIoTシステム全体で検討する必要があります。

【D】サービス妨害(Denial of service)

　サービス妨害は、サービス提供のために必要なシステムリソースを使い切ることでサービスを停止させることを指します。システムリソースが関わることから、CPU、メモリ、ディスク、ネットワークなどを消費するようなDoS攻撃（Denial of Service）やDoS攻撃を分散した大量のコンピュータから一斉の特定のネットワークやコンピュータに向けて実施することでシステムリソースを消費するDDoS攻撃(Distributed Denial of Service)などがあります。

• IoTシステム特有のリスク対策

　IoTシステム特有のサービス妨害には、接続されるセンサーやデバイスに対するDoS攻撃が考えられます。接続されるセンサーやデバイスに大量のデータが入力される、多数の頻度でデータが入力される、処理能力を超えるデータが入力されるようなシナリオに対しての対策が必要です。対策に際しては、攻撃されるセンサーやデバイス単体の停止だけでなく、システム全体に波及して停止しないように検討することが必要です。

【E】特権の昇格(Elevation of privilege)

　特権の昇格は、本来処理権限を持たない者に権限を与えることを指します。例えば、一般の利用者には与えられない管理者権限を、ある一般利用者に与えてしまうような状況のことです。特権の昇格が起こる方法には、OSやアプリケーションの脆弱性によるものと、不適切な権限付与システム(Authorization System)によるものの2つがあります。

• IoTシステム特有のリスク対策

　IoTシステム特有の特権の昇格には、接続されるデバイスの誤動作をもたらす特権の昇格があります。接続されるデバイスやセンサーに高度な処理が可能なCPUやボードが搭載されていて動的な機器制御や自動運転などの機能を備えている場合、OSやアプリケーションの脆弱性や権限付与システムの不具合により誤反応、誤動作を起こす可能性があります。

　誤動作への対策と平行してIoTデバイスの処理・操作に関する安全性についても検討が必要です。システムを利用している人や物に対して脅威となるような処理や操作ができないようにすることが必要です。

　最後に、センサーやデバイスがIoTシステムの内部に侵入を許すような特権の昇格を起こすようなケースについても対策を検討する必要があります。

(2) データフロー上のセキュリティリスクの確認と分析

　IoTセキュリティの分析には、最初のステップで作成したデータフロー図を見ながら、セキュリティリスクがデータフロー図中の構成要素のそれぞれに含まれているかどうかを確認していきます。とは言っても、想定される具体的なリスク・脅威を総当たり的にすべて探し出すのはかなり困難な作業です。

　そこで、脅威や脆弱性を集めて整理しているデータベースがインターネットで提供されているので、これを活用することにより、効率的にリスクの理解と確認をすすめていきます。

① MITRE提供のデータベース CAPEC「共通攻撃パターン一覧」を利用する

　米国政府向けの技術支援や研究開発を行っている非営利組織MITRE（The MITRE Corporation）は、CAPEC（Common Attack Pattern Enumeration and Classification：共通攻撃パターン一覧）という攻撃の流れ、攻撃の発見方法、攻撃の帰結、予防方法、深刻度、影響度、関連情報などをまとめたデータベースを提供しています（図6.3.2）。

図6.3.2　MITRE提供のCAPEC「共通攻撃パターン一覧」のトップページ

https://capec.mitre.org/

　このデータベースでは、新しい攻撃方法についての情報が日々追加されており、本書を執筆している2017年3月の段階（Version 2.9）で503種類の攻撃パターンが登録されています。また、攻撃の仕組みごとに攻撃パターンが分類されているので、これらを参考にしながらデータフロー図の分析を行い、効率的にセキュリティリスクを洗い出すことができます（図6.3.3）。

6.3　IoTセキュリティ設計のプロセス　　235

図6.3.3 CAPECの「Mechanisms of Attack」ページ

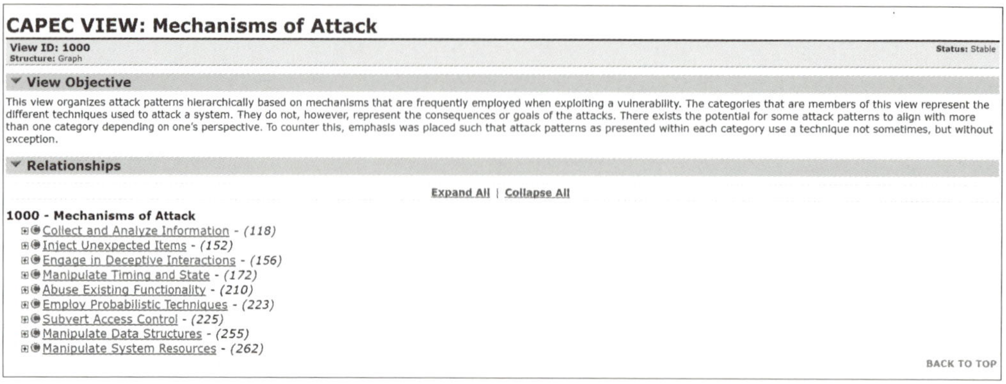

```
CAPEC VIEW: Mechanisms of Attack
View ID: 1000                                                              Status: Stable
Structure: Graph

▼ View Objective
This view organizes attack patterns hierarchically based on mechanisms that are frequently employed when exploiting a vulnerability. The categories that are members of this view represent the
different techniques used to attack a system. They do not, however, represent the consequences or goals of the attacks. There exists the potential for some attack patterns to align with more
than one category depending on one's perspective. To counter this, emphasis was placed such that attack patterns as presented within each category use a technique not sometimes, but without
exception.

▼ Relationships
                                    Expand All | Collapse All

1000 - Mechanisms of Attack
  ⊞● Collect and Analyze Information - (118)
  ⊞● Inject Unexpected Items - (152)
  ⊞● Engage in Deceptive Interactions - (156)
  ⊞● Manipulate Timing and State - (172)
  ⊞● Abuse Existing Functionality - (210)
  ⊞● Employ Probabilistic Techniques - (223)
  ⊞● Subvert Access Control - (225)
  ⊞● Manipulate Data Structures - (255)
  ⊞● Manipulate System Resources - (262)
                                                                          BACK TO TOP
```

②OWASP Top 10のIoT脆弱性リストを利用する

　CAPECは網羅的なのですが、それ故に情報が多すぎると感じる人も少なくありません。このような場合には、取り組むべき主要なセキュリティ項目をまとめたリストがインターネットでいくつか公開されているので、これを利用し優先度をつけながらセキュリティリスクの整理を始める、という進め方もあります。

　例えば、サイバー攻撃への対応措置として重要な上位20をまとめた「クリティカルコントロール」として知られるCIS Critical Security Controls[5]や、セキュアなWebアプリケーションやソフトウェア開発で考慮すべき主要10項目をまとめたOWASP Top 10[6]などを使う方法です。

　このうちOWASP Top 10にはIoTにおける脆弱性をまとめて公開しているOWASP Top 10 IoT Vulnerabilities（2014）というリストがあります。このリストに含まれるIoTシステム上のセキュリティリスクをまとめたのが表6.3.2です。

　このOWASP Top 10 IoT Vulnerabilitiesでは、それぞれのセキュリティリスクにおける以下の項目

- 攻撃者の種類
- 攻撃手法
- セキュリティ上の脆弱性
- 技術的な影響
- ビジネス面での影響
- 想定されるセキュリティ対策

などがまとめられています。

5　CIS Critical Security Controls: https://www.cisecurity.org/critical-controls.cfm
6　OWASP Top 10: https://www.owasp.org/index.php/Category:OWASP_Top_Ten_Project

表6.3.2　OWASP Top 10のIoT脆弱性リスト

	OWASP Top 10 Vulnerabilities（2014）
1	安全ではないWebインタフェース（Insecure Web Interface）
2	不十分な認証／権限付与（Insufficient Authentication / Authorization）
3	安全ではないネットワークサービス（Insecure Network Services）
4	暗号化通信の欠如（Lack of Transport Encryption）
5	プライバシーに関する不安（Privacy Concerns）
6	安全ではないクラウドインタフェース（Insecure Cloud Interface）
7	安全ではないモバイルインタフェース（Insecure Mobile Interface）
8	不十分なセキュリティ設定（Insufficient Security Configurability）
9	安全ではないソフトウエアファームウエア（Insecure Software / Firmware）
10	劣った物理的なセキュリティ（Poor Physical Security）

　現在公開されているリストは2014年版としてまとめられていますが、新たなリスクを取り込む形で現在更新版の作成作業が進んでいます。

　OWASPでは、OWASP Internet of Things（IoT）Project [7]というプロジェクトが、脆弱性リストの更新だけでなく、

- 攻撃対象別に脆弱性を整理したIoT Attack Surface Areas
- セキュリティ対策を体系的にまとめたIoT Security Guidance
- セキュリティ対策方法を定める際のガイドとしての IoT Testing Guide

などについて検討を進めています。

　またOWASPは、セキュリティ環境やセキュアなソフトウェア開発についてオープンに議論しているグローバルなコミュニティであり、IoTについても活発な議論がされていますので、IoTシステムで想定されるセキュリティリスクを理解するためにも一度アクセスしてみることをお薦めします。

●注意

　最後に一つ注意しておきたいことがあります。重要なセキュリティリスクを理解し、対策を効率的に決定していくためには、こういった優先度によって少ない数の項目にまとめられたリストの活用は有用ですが、一方でこれらのリストにあるリスク対策だけでは十分であるとはいえません。セキュリティのリスクや脅威は日進月歩で変化しています。継続的な対策を実施することができる仕組みと体制作り、さらにはPDCA（Plan-Do-Chech-Act）をしっかり実行し運用することが重要であることはいうまでもありません。

---

7 OWASP Internet of Things Project: https://www.owasp.org/index.php/OWASP_Internet_of_Things_Project

6.3　IoTセキュリティ設計のプロセス　　237

6.3.3 セキュリティリスクへの対策方法を決定する

IoTシステムは、3章ならびに本章の前半で説明したように、フィールド層、プラットフォーム層、オペレーション層の3層からなるアーキテクチャで構成されます（図6.3.4）。

図6.3.4　IoTシステムの基本アーキテクチャ

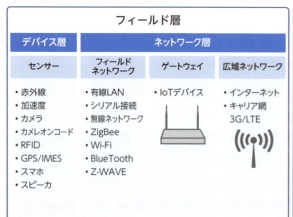
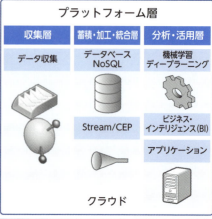

フィールド層では、各種センサーによりヒトやモノにまつわるデータを取得するためのデバイス層と、取得したデータをゲートウェイで中継して、広域ネットワーク経由でクラウドへ渡すまでのネットワーク層の2つの層で構成されます。

プラットフォーム層はフィールド層からのデータを受け取るためのインタフェース機能、受け取ったデータをリレーショナルデータベースやNoSQLにより格納・管理する機能、受け取ったデータをクレンジングや整形化する機能、他のシステムへデータ連係する機能、機械学習、DWH/BIなどにより解析、分析を行う機能で構成されます。

オペレーション層は、IoTシステム全体に対するセキュリティ管理機能と、デバイスへのソフトウェア配布やバージョン管理、デバイスを認証し、アクティベートを行い、デバイス管理を行う運用管理機能で構成されます。

IoTシステムのセキュリティをある一定レベル以上に保つためには、前述したように、それぞれの層における弱い鎖（the weakest link）をなくすことが必要です。

ここで重要なのは、ほとんどの箇所で最強の対策を施しながらも何か一つ弱点があるシステムではなく、必要最小限の対策をもれなく実施するという考え方です。必要以上にセキュリティを施しているために利用者と運用担当それぞれにとって使い勝手が悪く非効率な仕組みを提供するのではなく、利用者が安心してスムースに利用できて、運用担当も効率的かつ円滑にシステムを管理・運用できるような仕組みを目指すということです。

　その際に、それぞれの層の内部や各層をまたいだシステム全体において、多層的なセキュリティ対策を施すという考え方がポイントになります。多層的にセキュリティ対策を施すことで、仮に何か一つ対策が破られたとしても、システム全体のセキュリティレベルを維持することが可能になります。

(1) IoTシステムの3つのレイヤにおけるセキュリティ対策

　多層的なセキュリティ対策のために適用可能なデバイス層、ネットワーク層、プラットフォーム層それぞれにおける対策にどのようなものがあるか、前項で紹介したSTRIDE分類を使って順に見ていきましょう。

【S】なりすまし（Spoofing）対策

　表6.3.3は、IoTシステムにおけるなりすましをアーキテクチャの3レイヤ、すなわちデバイス層、ネットワーク層、プラットフォーム層ごとに洗い出したものです。

表6.3.3　IoTシステムにおけるなりすまし

	デバイス層	ネットワーク層	プラットフォーム層
なりすまし	・センサー、カメラのなりすまし ・不正なセンサー、カメラの検出	・ゲートウェイのなりすまし ・不正なゲートウェイの検出	・クラウドサービスのなりすまし ・管理者のなりすまし

　なりすましに対する基本的な対策は認証です。認証はユーザーデバイスあるいはソフトウェアがシステムに接続する、またはリソースを利用する権利があるかどうかを確認することです。わかりやすいものとしてはユーザーIDとパスワードの組み合わせにより、システムを使用可能なしかるべきユーザーであるかどうかを確認する方法があります。

　認証データに機密性が求められる（ユーザーIDやパスワードを読み取られないようにする）場合は、認証データを暗号化するなどの措置が必要です。正しいソフトウェアが配布されて実行することを保証するために、配布するソフトウェアにデジタル署名を施してなりすましを防止する方法があります。

　認証以外の対策としては、物理的な対策や、なりすましの検知による防止などが考えられます。

6.3　IoTセキュリティ設計のプロセス　　239

デバイス、ネットワーク、プラットフォームそれぞれの層における主ななりすまし対策は次のとおりです。

①**デバイス層におけるなりすまし対策**

- デバイスの接続に認証機能を実装する。
- 一つひとつのデバイスやセンサーに識別子(ID)を割り当てる仕組みを採用する。
- センサーやカメラなどのデバイスそのものにアクセスできないように物理的な対策を施す。

②**ネットワーク層におけるなりすまし対策**

- クラウドとの接続に認証機能を実装する。
- 一つひとつのゲートウェイに識別子(ID)を割り当てる仕組みを採用する。
- ゲートウェイには接続するデバイスのデバイスドライバのみを含める。
- ゲートウェイがデバイスの切断を検知した、あるいは異なる種類のデバイスが接続された際には監視システムにアラートを上げる。
- クラウドがゲートウェイの切断を検知した、あるいは不正なゲートウェイを接続された際には監視システムにアラートを上げる。
- ゲートウェイそのものにアクセスできないように物理的な対策を施す。

③**プラットフォームにおけるなりすまし対策**

- クラウドサービスの認証には、多要素認証を採用する。
- クラウドサービスの管理ポータルへの不正なログインを検知した際には、監視システムにアラートを上げる。

■**「鳥害対策IoTシステム」におけるなりすまし対策の例**

まず、センサーとゲートウェイの接続に使用しているBluetoothには、パスコードを利用して接続デバイスを認証する仕組みがあるので、これを活用します。カメラはUSBで接続されていますが、認証の仕組みを持っていないので、物理的なアクセスを制限するように筐体を選ぶ、あるいは設置場所を工夫するなどの対策を施します。

ゲートウェイには、不正なデバイスの接続を避けるために必要なデバイスドライバのみを搭載するようにします。AzureクラウドのIoT Hubでは、接続するゲートウェイの認証（TLS/X.509）が標準でサポートされているため、これを用いてAzureクラウド、ゲートウェイの両方で認証を実装します。また、Azure IoT HubではIoTデバイス管理と呼ばれるゲートウェイ管理の仕組みがサポートされているので、この仕組みを使ってデバイスやゲートウェイを管理します。

Azureクラウドでは、Azure Multi-Factor Authenticationと呼ばれる2段階認証が提供されています。これは通常のユーザーIDとパスワードによる認証に加えて、携帯電話など、簡単には複製できない信頼できるデバイスあるいはユーザーの生体情報などによる認証を組み合わせる、いわゆる多要素認証の一つで、使いやすさを損なわずに認証を強化する仕組みです。AzureサブスクリプションにはAzure管理者用の多要素認証が標準で付いているため、設定するだけで管理

者のなりすましを防ぐことができます。

【T】データの改ざん（Tampering）対策

表6.3.4は、IoTシステムにおけるデータ改ざんをデバイス層、ネットワーク層、プラットフォーム層ごとに洗い出したものです。

表6.3.4　IoTシステムにおけるデータ改ざん

	デバイス層	ネットワーク層	プラットフォーム層
データの改ざん	• センサー、カメラ上のデータの改ざん	• センサー＆カメラ〜ゲートウェイ間のデータの改ざん • ゲートウェイ上のデータの改ざん • ゲートウェイ〜クラウドサービス間のデータの改ざん	• クラウドサービス上のデータの改ざん

データの改ざんに対する基本的な対策はデータ完全性の確保です。データ完全性の確保とは、システム内のデータが「すべて揃っていること」「欠損や不整合がないこと」「一貫していて正確であること」、これらを保証することです。データ完全性の確保には3つのアプローチがあります。

Ⓐデータへのアクセス権限による制御：データを含んだストレージ、レコードを含んでいるデータベースなどへのアクセスをシステムの機能により制御することで実現します。

Ⓑ暗号化による保護：データそのものを暗号化することによりデータ改ざんを防ぐ方法もありますが、ハッシュや電子署名などによりデータの一貫性を保証する方法もあります。

Ⓒデータの変更をログにとるアプローチ：データ完全性を確実に確保することは困難ですが、データの変更を記録できれば、元のデータに復元することができるかもしれません。

デバイス、ネットワーク、プラットフォームそれぞれの層における主なデータ改ざん対策は次のとおりです。

①デバイス層におけるデータ改ざん対策

- デバイス上のシステムデータを読み取り専用メモリに格納する。
- デバイス上でデータを一時的に保持するメモリなどへのアクセスを制限する。
- デバイスで取得するデータを暗号化する。
- 本来意図しないデータの入力を防止する。
- 本来意図しないデータの入力を検知し、ログを取得する。

②ネットワーク層におけるデータ改ざん対策

- センサー＆カメラ〜ゲートウェイ間のネットワークへのアクセスを制限する。
- センサー＆カメラ〜ゲートウェイ間のネットワーク上のデータを暗号化する。
- ゲートウェイにおけるネットワークポート、ファイルシステム、メモリなどシステムリソー

6.3　IoTセキュリティ設計のプロセス　　241

スへのアクセスを制限する。

- ゲートウェイで扱うデータを暗号化する。
- ゲートウェイにおけるシステム変更ログを取得する。
- ゲートウェイ～クラウドサービス間のネットワークへのアクセスを制限する。
- ゲートウェイ～クラウドサービス間のネットワーク上のデータを暗号化する。

③プラットフォーム層におけるデータ改ざん対策

- クラウドサービス上のデータストレージへのアクセスを制限する。
- クラウドサービス上の処理プロセスへのアクセスを制限する。
- クラウドサービス上のデータを暗号化する。
- クラウドサービスにおけるシステム変更ログを取得する。

■「鳥害対策IoTシステム」におけるデータ改ざん対策の例

今回使用しているセンサーやカメラには、前項のデバイス層におけるデータ改ざん対策で挙げたような仕組みは搭載されていません。現在市販されていて適当な費用で手に入れられるセンサーやカメラで、ここに挙げたようなデータ改ざん対策が可能な製品はほとんどありません。このため、データ改ざん対策としては、ネットワーク層とプラットフォーム層における仕組みに頼ることになります。

今回のカメラとゲートウェイの間の接続に使われているBluetoothには、暗号化の仕組みがありません。このため、カメラから送られる画像データは改ざんされる可能性があります。ただし、設置場所を工夫するなどによりBluetoothの電波が届く範囲を制限することで、改ざんされる可能性を回避することができます。

また、ゲートウェイOS（Windows 10 IoT Core）で使用するネットワークポートを限定し、それ以外のポートは使用しないようにします。ゲートウェイとAzureクラウドとの間の通信については、SSL（TLS）を利用して暗号化を行います。通信プロトコルとしてHTTPSやAMQPSなどが利用可能です。

ゲートウェイにおけるデータ暗号化を行う場合、ドライブの暗号化により対応することで、データファイルだけでなくシステム構成情報も保護することが可能になります。Windowsにおけるドライブ暗号化技術はBitLockerと呼ばれますが、Windows 10 IoT Coreには機能がなく、上位エディションであるWindows 10 IoT EnterpriseにはBitLockerがサポートされているので、ドライブの暗号化を行う場合にはEnterpriseエディションを利用することになります。

Azureクラウドでは、データが格納されたストレージにアクセスするためにアカウントを設定し、アクセス権限を制御する機能が提供されています。アカウントごとに認証や権限付与を設定することが可能なため、不要なプログラムやアカウントのデータへのアクセスを防止することができます。ストレージに保存されているデータはAzureクラウドが提供する暗号化方式によって暗号化することが可能です。Azureクラウド内外で転送されるデータはネットワーク層同様に

SSL（TLS）を利用して暗号化を行います。各暗号化に使用される暗号鍵についてはAzureクラウドを利用してシステムを開発、運用する側で管理する必要があります。Azureクラウドにおけるデータ保護については、マイクロソフトが詳細なドキュメントを提供しているので参照してみてください[8]。

【R】否認（Repudiation）対策

表6.3.5は、IoTシステムにおける否認をデバイス層、ネットワーク層、プラットフォーム層ごとに洗い出したものです。

表6.3.5　IoTシステムにおける否認

	デバイス層	ネットワーク層	プラットフォーム層
否認	・IoTシステム特有の否認は特にみられない		

否認に対する基本的な対策は否認防止です。否認防止とは利用者が事後になってその利用事実を否定できないように証拠を残し、第三者的に証明することです。

否認防止のためには3種類の対策を組み合わせることで実現します。

Ⓐログを取ること：利用した事実を証跡として残しておくことが必要です。

Ⓑ電子署名や暗号化を用いること：これにより証跡の信頼性を向上させます。

Ⓒ第三者が提供するサービスの活用：第三者が提供する電子署名やタイムスタンプ、暗号化などのサービスを活用することで、利用した事実を第三者的に証明することが可能になります。

■ IoT特有の否認対策

IoTシステム特有に発生する否認は考えにくいのですが、一般的な否認防止策として、デバイス、ネットワーク、プラットフォームそれぞれの層において利用者の利用事実を確認するためのログの取得は有効です。

また、電子署名や暗号化、場合によっては第三者が提供するサービスの活用により、利用した事実を第三者的に証明できるような仕組みを検討することも有効です。

【I】情報漏えい（Information disclosure）対策

表6.3.6は、IoTシステムにおける情報漏えいをアーキテクチャの3レイヤ、すなわちデバイス層、ネットワーク層、プラットフォーム層ごとに洗い出したものです。

8　Microsoft Azure のデータ保護
http://download.microsoft.com/download/F/5/C/F5CE275A-E32F-46AA-93B9-5990BE16C2AC
MicrosoftAzureDataProtection_Aug2014.pdf

6.3　IoTセキュリティ設計のプロセス　　243

表6.3.6　IoTシステムにおける情報漏えい

	デバイス層	ネットワーク層	プラットフォーム層
情報漏えい	・設置されたセンサー、カメラ上のデータの情報漏えい ・センサー、カメラの盗難による情報漏えい	・センサー＆カメラ〜ゲートウェイ間のデータの情報漏えい ・ゲートウェイ上のデータの情報漏えい ・ゲートウェイの盗難による情報漏えい ・ゲートウェイ〜クラウドサービス間のデータの情報漏えい	・クラウドサービス上のデータの情報漏えい

　情報漏えいに対する基本的な対策は機密性の確保です。機密性の確保とはシステム内のメモリ、ストレージ、ネットワークなどのシステムリソースやシステムに格納されているデータを正当な権限を持った人だけが使用できるようにすることです。

　機密性の確保には3つのアプローチがあります。

Ⓐアクセス権限による制御：各種システムリソースやデータへのアクセスをシステムの機能により制御することで機密性を確保します。

Ⓑ暗号化による保護：データそのものを暗号化することにより機密性を確保します。

Ⓒデータを格納しているデバイスやゲートウェイの盗難防止

　デバイス、ネットワーク、プラットフォームそれぞれの層における主な情報漏えい対策は次のとおりです。

①**デバイス層における情報漏えい対策**

- デバイスへのアクセスを制限する。
- デバイスで取得するデータを暗号化する。
- センサーやカメラなどのデバイスそのものにアクセスできないように物理的な対策を施す。
- センサーやカメラなどのデバイスが盗難されないように物理的な対策を施す。

②**ネットワーク層における情報漏えい対策**

- センサー＆カメラ〜ゲートウェイ間のネットワークへのアクセスを制限する。
- センサー＆カメラ〜ゲートウェイ間のネットワーク上のデータを暗号化する。
- ゲートウェイにおけるネットワークポート、ファイルシステム、メモリなどシステムリソースへのアクセスを制限する。
- ゲートウェイで扱うデータを暗号化する。
- ゲートウェイ〜クラウドサービス間のネットワークへのアクセスを制限する。
- ゲートウェイ〜クラウドサービス間のネットワーク上のデータを暗号化する。
- ゲートウェイそのものにアクセスできないように物理的な対策を施す。
- ゲートウェイが盗難されないように物理的な対策を施す。

③プラットフォーム層における情報漏えい対策

- クラウドサービス上のデータストレージへのアクセスを制限する。
- クラウドサービス上の処理プロセスへのアクセスを制限する。
- クラウドサービス上のデータを暗号化する。
- クラウドサービスにおけるシステム変更ログを取得する。

■「鳥害対策IoTシステム」における情報漏えい対策の例

　情報漏えい対策と先に見たデータ改ざん対策は重複しているところが少なくないので、ここでは情報漏えい対策として特徴的なものを中心に取り上げます。

　今回使用しているセンサーやカメラの場合、データを格納しているストレージやメモリはないので、デバイスへのアクセスや盗難によって情報漏えいが発生する可能性はほぼありません。ただし、なりすましや不正アクセスを防ぐ意味での物理的な対策は必要なので、その観点での対策が必要です。

　ゲートウェイにおける情報漏えい対策については、データ改ざん対策同様にAzureクラウドとの通信経路の暗号化（SSL/TLS）、およびゲートウェイのドライブの暗号化（BitLocker等）により、データの機密性が保護されます。これに加えて、建物などの構造物や重石などへの固定、あるいは取り外しが困難なケースで覆うなどの措置によってゲートウェイの盗難を防止することで、さらに機密性を高めることができます。

　プラットフォーム（クラウド）における情報漏えい対策ですが、データ改ざん対策で挙げたデータ保護の仕組みの活用に加えて、AzureではSecurity Centerと呼ばれるサービスが提供されています。Azure Security Centerは2016年7月に一般提供（GA：Generally Available）が開始されており、利用しているAzure サブスクリプションのリソースにおけるセキュリティ関連のデータやログを統合的に収集し、不正アクセスや不正な情報漏えいなどが発生していないかを監視、可視化し、脅威を回避、検出する機能が提供されています。

　図6.3.5はAzure Security Centerのダッシュボード画面です。Azureリソース全体のセキュリティ状態の正常性、推奨事項、警告を確認することができる画面です。

図6.3.5　セキュリティ上疑わしいイベント（アラート）を通知する画面（Azure Security Center）

【D】サービス妨害（Denial of service）対策

表6.3.7は、IoTシステムにおけるサービス妨害をアーキテクチャの3レイヤ、すなわちデバイス層、ネットワーク層、プラットフォーム層ごとに洗い出したものです。

表6.3.7　IoTシステムにおけるサービス妨害

	デバイス層	ネットワーク層	プラットフォーム層
サービス妨害	• センサーやカメラのシステムリソースに対するサービス妨害 • センサーやカメラの物理的破壊、電源供給停止などによるサービス妨害	• ゲートウェイのシステムリソースに対するサービス妨害 • ゲートウェイの物理的破壊、電源供給停止などによるサービス妨害	• クラウドサービスのシステムリソースに対するサービス妨害 • クラウドサービスの物理的障害によるサービス妨害

サービス妨害に対する基本的な対策は可用性の確保です。可用性の確保とは、メモリ、ストレージ、ネットワークなどのシステムリソースや、システムに格納されているデータを必要なときに使用できるようにしておくことです。

サービス妨害に対する可用性の確保は以下の2つのアプローチを組み合わせることで実現します。

Ⓐ各種システムリソースにおけるスケーラビリティの確保：各種システムリソースの性能が要求に応じて拡大・縮小するような仕組みにより可用性を確保します。

Ⓑサービス妨害の検知と各種システムリソースの利用制限

デバイス、ネットワーク、プラットフォームそれぞれの層における主なサービス妨害対策は次のとおりです。

①デバイス層におけるサービス妨害対策
- センサーやカメラのシステムリソースの性能設計を適切に行う。
- センサーやカメラにおけるサービス妨害検知とシステムリソースの利用制限を実装する。
- センサーやカメラの物理面、電源面において高可用性設計を行う。

②ネットワーク層におけるサービス妨害対策
- ゲートウェイのシステムリソースの性能設計を適切に行う。
- ゲートウェイにおけるサービス妨害検知とシステムリソースの利用制限を実装する。
- ゲートウェイの物理面、電源面において高可用性設計を行う。

③ネットワーク層におけるサービス妨害対策
- クラウドサービスにおける性能設計を適切に行う。
- クラウドサービスにおけるサービス妨害検知とシステムリソースの利用制限を実装する。
- クラウドサービスの障害に対する高可用性設計を行う。

■「鳥害対策IoTシステム」におけるサービス妨害対策の例

今回使用しているセンサーやカメラ単体では、利用するシステムリソースのスケーラビリティを調整する機能やサービス妨害を検知する仕組みが提供されていないので、ゲートウェイ側でシステムリソースの性能調整やサービス妨害の検知を行います。また、今回のセンサーやカメラでは可用性向上のために電源を冗長化することができません。物理的な破壊を防止するための物理対策を施すことで電源供給停止のリスクを低減することとします。

ゲートウェイでは、まずセンサーやカメラから送られてくるデータの量と回数が必要以上にならないような制御する機能(例えば、送信されるデータの量、回数が一定期間内に超えた場合には受信しない)を設けます。これによりゲートウェイに対するサービス妨害攻撃の発生を防止するとともに、必要以上に発生したデータをクラウド側に流さない、つまりクラウド側のサービス妨害攻撃も防止します。また、ゲートウェイ自体のシステムリソースを過度に使用しないシステム開発を行います。さらには、デバイス(センサー、カメラ)やゲートウェイのリソースが過度に使用されるような場合には、ログを取得して、監視システムへ通知します。デバイス(センサー、カメラ)同様に今回のゲートウェイでは電源を冗長化することができないので、電源が抜けないように物理的な対策を施すこととします。

プラットフォーム(クラウド)側ではゲートウェイから送信されてくるデータが急激に増加しても対応可能なサービスを利用します。今回のシステムで利用しているAzure IoT Hubは最大100万台の同時接続デバイスをサポートするスケーラビリティを備えています。また複数のデータセンターで稼働するサービスを組み合わせてシステムを設計・構築することで、クラウド側で稼働する仕組み全体の可用性を向上させることが可能です。Azureのアプリケーションにおける高可用

6.3 IoTセキュリティ設計のプロセス 247

性については詳細なガイドが提供されているので参照してみてください[9]。

【E】特権の昇格（Elevation of privilege）対策

表6.3.8は、IoTシステムにおける特権の昇格をデバイス層、ネットワーク層、プラットフォーム層ごとに洗い出したものです。

表6.3.8　IoTシステムにおける特権の昇格

	デバイス層	ネットワーク層	プラットフォーム層
特権の昇格	• センサー、カメラの誤動作をもたらす特権の昇格	• センサー、カメラの誤動作をもたらす特権の昇格	• センサー、カメラの誤動作をもたらす特権の昇格 • クラウドサービスの不正な動作をもたらす特権の昇格

特権の昇格に対する基本的な対策は適切な権限の付与です。適切な権限の付与とは一般の利用者には管理者特権を与えない、管理者特権が不要なプログラムは一般の権限で実行するなど、不要にシステムにおける特権を与えないことです。

適切な権限の付与には2つのアプローチが考えられます。

Ⓐ OSやアプリケーションの脆弱性を解消すること：マルウェアの多くはOSやアプリケーションの脆弱性を悪用したものであるため、脆弱性を適時解消することで不正な特権の昇格が起こらないようにします。

Ⓑ ファイルの実行パーミッションやユーザー、グループなどのアカウントなどを管理する権限付与システム（Authorization System）を適切に運用する仕組みを取り入れること

■ IoT特有の特権の昇格対策

特権の昇格がもたらすセキュリティ上の脅威は様々な形をとるため、ここではIoT特有の2つの脅威に絞って説明します。1つ目はセンサー、カメラの誤動作をもたらす特権の昇格、2つ目はクラウドサービスの不正な動作をもたらす特権の昇格です。いずれの脅威に対しても、次に挙げるような対策が考えられます。

• デバイス、ネットワーク、プラットフォームそれぞれの層における脆弱性を適時解消する。
• 各種デバイス、ゲートウェイのファームウェア、ソフトウェアのリモート管理機能を実装する。リモートからのソフトウェアアップデート、シャットダウンなど。
• 各種デバイス、ゲートウェイにおけるサンドボックス機能を実装する。
• クラウドサービスにおけるアカウント管理システムを適切に運用する。

---

9 Azure アプリケーションの災害復旧と高可用性
https://msdn.microsoft.com/ja-jp/library/azure/dn251004.aspx

248　　6章 ● オペレーション層の実装

(2) データベースを利用したIoTシステム全体のセキュリティ対策

これまで挙げてきたセキュリティ対策はIoTシステムの3つの層で必要とされるSTRIDEそれぞれへの対策でした。IoTシステム全体へ対策を実施するためには、すでに実施されている対策を集めたベストプラクティスやデータベースとして提供されている情報の活用により、効率的に進めることが可能です。ここでは、2つの例を挙げて、その利用方法を説明します。

● OWASPのチートシートを利用する

安全なウェブアプリケーション、サービスのセキュリティの改善を目的にした共同研究・関連活動を行っている非営利団体OWASP（Open Web Appplication Security Project）は、「Top 10 IoT Vulnerabilities」をを公開しています。また、セキュリティ対策に必要とされる事柄をトピックごとにまとめてチートシート（Cheat Sheet：カンニングペーパー、あんちょこ、攻略本など）として公開しています[10]。OWASP Japanのページでは、タイトルが日本語化されています[11]。

OWASP Japanページでは、セキュリティ対策という観点から、システム／ソフトウェア開発者(Builder)向けのチートシートという位置づけで、次のようなチートシートが提供されています。

- Webアプリの認証に関するチートシート
- ユーザーがパスワードを忘れた場合の措置としての秘密の質問の実装に関するチートシート
- クリックジャッキング対策に関するチートシート
- C、C++、Objective-C言語における開発環境に関するチートシート
- CSRF対策に関するチートシート
- 保存データの暗号化に関するチートシート
- DOMベースのXSS対策に関するチートシート
- ユーザーがパスワードを忘れた場合の措置に関するチートシート
- HTML5におけるセキュリティ対策に関するチートシート
- ホワイトリストによる入力値バリデーションチェックに関するチートシート
- JAAS認証に関するチートシート
- Webアプリにおけるログの取得などに関するチートシート
- .NETフレームワークにおけるセキュリティ対策に関するチートシート
- OWASP Top Ten 2013における10の脅威への対策及びテスト手法に関するチートシート
- パスワードなどの保持に関するチートシート
- 公開鍵ピンニングに関するチートシート
- クエリパラメータに関するチートシート

---

10 https://www.owasp.org/index.php/OWASP_Cheat_Sheet_Series
11 http://blog.owaspjapan.org/post/130374053294/owasp-cheat-sheet-series%E3%82%92%E6%97%A5%E6%9C%AC%E8%
AA%9E%E8%A8%B3%E3%81%97%E3%81%A6%E9%A6%B4%E6%9F%93%E3%81%BF%E3%82%84%E3%81%99%E3
%81%8F%E3%81%97%E3%81%A6%E3%81%BF%E3%81%9F

6.3　IoTセキュリティ設計のプロセス　　249

- Ruby on Railsにおけるセキュリティ対策に関するチートシート
- RESTfulなサービスの実現に関するチートシート
- セッション管理などに関するチートシート
- SAMLを用いたSSOの実装に関するチートシート
- SQLインジェクション対策に関するチートシート
- トランザクション認証に関するチートシート
- トランスポート層におけるセキュリティ対策に関するチートシート
- リダイレクトおよび転送機能の実装手法に関するチートシート
- プライバシー情報などに対する脅威の軽減手法に関するチートシート
- Webサービスにおけるセキュリティ対策に関するチートシート
- XSS対策に関するチートシート

このリストを見る限りではWebアプリケーション向けのものが多いのですが、プラットフォーム層においてクラウドサービスを活用したIoTシステムを開発・構築する際に、ここに挙がっているチートシートを活用することで、セキュリティ対策をより網羅的に実施できると考えられます。

● IPAの脆弱性対策情報データベース JVN、JVNiPediaを利用する

日本の情報処理推進機構（IPA）は、脆弱性対策情報をJVN（Japan Vulnerability Notes）[12]やJVN iPedia [13]というデータベースでまとめて公開しています（図6.3.6）。

● JVN

JVNはサイトの説明によると、「日本で使用されているソフトウェアなどの脆弱性関連情報とその対策情報を提供し、情報セキュリティ対策に資することを目的とする脆弱性対策情報ポータルサイト」とされています。コンピュータセキュリティに関する情報を収集・発信し、セキュリティインシデント対応の支援を行うJPCERTコーディネーションセンター（JPCERT/CC）とIPAが脆弱性情報の迅速かつ安全な提供を目的とした「情報セキュリティ早期警戒パートナーシップ」に基づいて共同で運営しています。

JVNでは、JPCERT/CCに届けられた脆弱性情報に加えて、JPCERT/CCと協力関係にある他国の脆弱性情報管理団体が提供する情報をタイムリーに提供しているため、システム運用時における情報セキュリティ対策の一環として利用されている傾向が強いといえます。

● JVN iPedia

JVN iPediaはサイトの説明によると、「日々発見される脆弱性対策情報を蓄積することで幅広くご利用いただくことを目的」としています。また、蓄積する情報については、「JVNに掲載され

12　JVN http://jvn.jp/
13　JVN iPedia http://jvndb.jvn.jp/

図6.3.6　IPAが提供している脆弱性対策情報データベース

JVN

JVN iPedia

る脆弱性対策情報のほか、国内外問わず公開された脆弱性対策情報を広く公開対象」と定めていて、JVNに登録されていない日本国内ベンダーからの脆弱性情報が登録されていることから、より日本向けの情報が充実しているといえます。

　JVN同様にJPCERT/CCとIPAが共同で運営しているのですが、本稿を執筆している2017年3月の段階で66,408件の脆弱性対策情報が登録されており、システムやサービスの設計・構築時におけるセキュリティ対策検討の一環として利用される傾向があるといえます。

　これらの脆弱性情報以外にも、IPAでは以下のような適用分野ごとのガイドラインや調査をまとめて公表しています。

■ 医療機器における情報セキュリティに関する調査

https://www.ipa.go.jp/security/fy25/reports/medi_sec/index.html

■ 自動車の情報セキュリティへの取組みガイド

http://www.ipa.go.jp/security/fy24/reports/emb_car/index.html

■ つながる世界のセーフティ＆セキュリティ設計入門

https://www.ipa.go.jp/sec/reports/20151007.html

■ つながる世界の開発指針

https://www.ipa.go.jp/sec/reports/20160324.html

　これらのガイドラインや調査には、医療機器や自動車のようなモノを開発する際の情報セキュリティの考え方や対策がまとめられており、IoTシステムを作り上げていく上でデバイス、ネットワーク、プラットフォームそれぞれの層において必要とされるセキュリティ対策をひもとくのに有用な情報が含まれています。ぜひ上手く活用してみてください。

(3) セキュリティ対策リストの作成と対策方法の決定

さて、ここまでにみてきたようなSTRIDEによって分類されたセキュリティ対策や、各種脆弱性データベースやリストを活用して対策リストを作り上げていくことで、セキュリティリスクへの対策方法の整理が進みます。このセキュリティ対策リストに含まれる項目としては、次のようなものが考えられます。

- ID
- 脅威内容
- リスク対策方針
- 優先度
- 対策内容
- 対策担当
- 評価担当
- 対応状況

ちなみに、「鳥害対策IoTシステム」を例にとって、このセキュリティ対策リストを作ってみたのが表6.3.9です。

セキュリティ対策リストができたら、次に、システムに潜むセキュリティ上の脅威それぞれに対して、リスク対策の方針を定めます。情報セキュリティ対策における方針については、大きく次の4つの方針で整理します。

① リスクの回避

リスクのある機能を削除したり、まったく別の方法に変更したりすることによって、リスクが発生する可能性を取り去る。

表6.3.9 「鳥害対策IoTシステム」のセキュリティ対策リスト

ID	脅　威	対策方針	優先度	対策内容	対策担当	評価担当	対応状況
23	データの改ざん：カメラが送信するデータの改ざん	物理的な対策によるリスク低減	中	不正な第三者がアクセスできない場所にカメラを設置する	導入・設置担当者	導入・設置評価チーム	未対応
24	サービス防止：鳥害対策IoTクラウドへのDDos攻撃	クラウド事業者へのリスクの移転	低	クラウド事業者のDDos対策、契約面での補償状況を確認	法務担当者	サービス企画担当者	対応済
25	情報漏えい：ゲートウェイへの不正アクセスによる情報漏えい	ゲートウェイの堅牢化によるリスクの低減	高	• ゲートウェイにおける利用ネットワークポートの限定 • ストレージ、ドライブの暗号化 • 物理的な固定による持ち去りの防止	ゲートウェイ開発担当者	ゲートウェイテストチーム	対応中

252　6章 ● オペレーション層の実装

② リスクの低減

リスクに対して対策を講じることによって、発生する可能性や被害の深刻度を低減する。

③ リスクの移転

保険に加入することや、リスクのある部分を他社の製品・システム・サービスに置き換えることにより、リスクを他社などに移す。

④ リスクの保有

リスクが小さい場合、特にリスクを低減するための対策を行わず、許容範囲内として受け入れる。

対策内容は、この章で見てきたような脅威に対する対策を記載します。それぞれの対策に対して、対策を実現するための担当者と、対策した内容をテスト・評価する担当者を割り当てて、対応状況を管理します。

この章の前半でも述べたように、システムの安全性はその中の最も弱い部分（the weakest link）によって決まります。また、時間がたてば新たな脆弱性が発見や新たな攻撃手法の普及などにより、過去には考えられなかったセキュリティ上の脅威が登場するかもしれません。

このため、セキュリティ設計においては経年的に対応状況を把握し、迅速に対応できるような仕組みで運用しつづける必要があります。今回紹介したセキュリティ対策リストについても、新たな脅威や脆弱性が発見されるたびにリストに追加し、対策方針・対策内容を定めて、確実に対応する運用を継続することで、利用者が安心して使い続けられるIoTシステムを提供できるようになります。

6.3.4 決定した対策方法を実装、評価する

ここまでの段階で、脅威内容、リスク対策方針、対策内容、担当者、対応状況などの情報が含まれたセキュリティ対策リストができあがっているはずです。この項では、決定したセキュリティ対策を実装して、テスト・評価を進めていきます。本節6.3冒頭で説明したセキュリティ設計の4つ目のステップ、最終段階きたことになります。

(1) セキュリティ対策の実装

実装の詳細については、多岐にわたることとページ数の都合があるため本書では取り上げません。これまでに取り上げたOWASP、CAPECなどデータベースあるいはIPAや各種ベンダー、メーカーが実装方法についての情報を提供していますので、それらを参考にしてください。

ただし、セキュリティ対策の実装においては、1つ重要な注意点があります。IoTシステムはトライ＆エラーで試行錯誤しながら作っていきますが、一方で使い始めれば今後5年、10年と長期間使用し続ける場合もあります。システムやサービスを企画している時点では最新技術を用いてセキュリティ対策を設計していても、新たな脆弱性の発見や新たな攻撃手法の広がりにより、そ

6.3 IoTセキュリティ設計のプロセス 253

図6.3.6　ネットワーク経由によるソフトウェアの自動更新・設定ファイルの配布

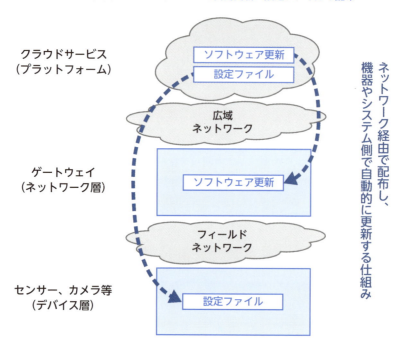

の対策が急速に陳腐化する可能性があるのです。

　これに対応するために、IoTシステムのデバイスやゲートウェイをリスクが高まるたびに回収して対策を行っているようでは、コストも手間もかかり過ぎてしまい非効率極まりなく、またセキュリティを確保・保持し続けることも難しくなります。

　こうした事態を回避するには、パソコンやスマートフォンのようにセキュリティ対策用のソフトウェアアップデートや設定ファイルのネットワーク経由での配布など、機器やシステム側で自動的に更新するような、人手を介さない仕組みが有効です（図6.3.6）。

　ソフトウェアの自動更新や設定ファイルの配布については、その仕組み自体が脆弱性を生み出してしまうため、なりすましやデータ改ざんなどの脅威を新たに生み出さないような対策が求められます。これらを織り込んだセキュリティ対策を実装することが重要です。

(2) セキュリティ対策のテスト・評価

　セキュリティ対応が適切に実装されているか、対策が適切に施されているかについては、図6.3.7のようにテスト・評価します。

　セキュリティ対策方法を決定して、実際に対策を実施するプロセスと並行して、想定される脆弱性に対してどのような評価を行うかについて計画します。

　セキュリティ対策が実施されたら、対策されたIoTシステムに対してまず、既知の脆弱性への

図6.3.7 セキュリティ対策のテスト・評価

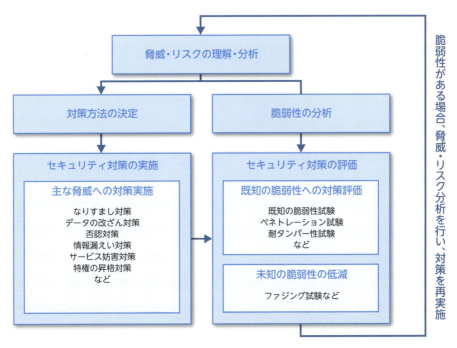

対策が適切に実施されているかを確認します。既知の脆弱性への試験については、これまでに紹介したIPAのJVN、JVN iPediaやOWASPなどのサイトに情報があるのでこれらを活用して評価プランを準備します。

また、複数の脆弱性を組み合わさった不正な侵入が行われる可能性がある場合には、ペネトレーション（侵入）試験を行います。

情報漏えい対策として耐タンパー性を有したハードウェアやソフトウェアを使用している場合には、耐タンパー性試験を実施します。

既知の脆弱性への評価だけでなく、未知の脆弱性に対する試験も行います。未知の脆弱性に対する試験では、実施されたセキュリティ対策に関係なく、製品の不具合を起こしそうなデータを入力する、あるいはデータの入力を繰り返すなど、ファジング試験等を行います。

既知ならびに未知の脆弱性に対する評価を行った結果、脆弱性が残っている場合には、その脆弱性がもたらす可能性がある脅威、リスクについて再度分析をやり直し、対策方針・方法を決定して、上記のプロセスを実施することが必要です。

なお、IoTシステムはデバイスやネットワーク、クラウドなどの仕組みを組み合わせて実現されます。このためIoTシステムのセキュリティにおける評価項目や評価方法を検討するにあたっては、組込みシステムのセキュリティでもなく、ネットワークのセキュリティでもなく、クラウドのセキュリティでもなく、すべてが組み合わさったものとして捉えることが重要です。

6.4 IoTセキュリティのこれから

この章の最後に、IoTセキュリティの今後について少し整理してみましょう。これまでネットワークにつながっていなかったモノがつながる、あるいはネットワークを通じて連携する、さらには得られたデータや情報から新たな価値が生み出され、機械やヒトを通じて次のアクション、活動につながっていくIoTという仕組みは、これから様々な形で広がっていくと考えられます。そのため、IoTがもたらすメリットへの期待は大きいのですが、同時にIoTセキュリティについての関心も高まっています。

本章ではIoTシステムにおけるセキュリティに関する基本的な考え方を整理し、そしてセキュリティ対策をステップごとに説明することで、IoTシステムの開発・構築におけるセキュリティ対策の流れについて描いてみました。本書の準備を始めたころには、そうしたアプローチでIoTセキュリティ対策をまとめたものは見当たらなかったのですが、本章の執筆を準備していた2016年5月にはIPAが「IoT開発におけるセキュリティ設計の手引き」[14]を、2016年7月には、IoT推進コンソーシアム、総務省、経済産業省が「IoTセキュリティガイドライン Ver1.0」[15]をそれぞれ公開しました。

「IoT開発におけるセキュリティ設計の手引き」には、

IoTのセキュリティ設計において行う、脅威分析・対策検討・脆弱性への対応方法を解説する。セキュリティを検討する上で参考となる、IoT関連のセキュリティガイドを紹介する。また、いくつかの例題をもとに、IoTシステムにおける脅威分析と対策検討の実施例を示す。

とあります。また、「IoTセキュリティガイドライン Ver1.0」には、

IoT機器やシステム、サービスの供給者及び利用者を対象として、サイバー攻撃などによる新たなリスクが、モノやその利用者の安全や、個人情報・技術情報などの重要情報の保護に影響を与える可能性があることを認識したうえで、IoT機器やシステム、サービスに対してリスクに応じた適切なサイバーセキュリティ対策を検討するための考え方を、分野を特定せずまとめた。

とあります。いずれの手引き、ガイドラインについても本章の構成とかなり近い内容となっており、徐々にIoTセキュリティ対策のあり方、考え方が整理され、対応内容が具体化しつつあります。本書に記されたことだけでなく、これらの手引きやガイドラインを相互補完的に参照しなが

---

14 IPA「IoT開発におけるセキュリティ設計の手引き」を公開
https://www.ipa.go.jp/security/iot/iotguide.html
15 IoT推進コンソーシアム IoTセキュリティ WG
http://www.iotac.jp/wg/security/

6章 ● オペレーション層の実装

らIoTセキュリティへの対策を進化していただけることを期待しています。

IoTシステムにセキュリティ対策を施すためのステップは、ある程度描けたと思いますが、既存の情報セキュリティに関する仕組み（ISMS、CSMSなど）とどのように連携させればよいか、また個人情報保護法が改正されたばかりの状況でプライバシーに対してどのように対策すればよいかなどの点については、議論百出の状況が続いており、まだまだ手探りの状態が続くことが予想されます。

グローバルに見てもIoTセキュリティは課題として捉えられており、標準化団体における議論が進められています。また国内を見ても冒頭に取り上げた「サイバーセキュリティ戦略」の重点項目の1つとしてIoTセキュリティが捉えられており、グローバルの動きと呼応しつつも標準化が進められていくことが予想されます。

IoTシステムはトライ＆エラーのアプローチながらも、数多くの取り組みが進んでいくことが予想されます。IoTシステムの設計・開発に携わる方々は、IoTセキュリティの動向を見ながら、IoTシステムの安全性を高めつつ、よりイノベーティブなIoTシステムを提供するために不断の努力が必要です。

加えて、IoTシステムの提供者、利用者それぞれが不利益を被らずに安心して利用、提供するためには、設計や開発フェーズでの対処だけでなく、継続的なセキュリティへの対策・配慮を行う体制と運用が必要とされるでしょう。

6.4 IoTセキュリティのこれから　　257

Column プライバシー・バイ・デザイン

本書で繰り返し取り上げているようにIoTシステムはモノだけでなく、ヒトにまつわる情報を扱うことで利用者やサービス提供者にスムースなシステムや、より良い利用体験の実現を目指します。

例えば、カメラで人の顔を撮影して認証に使用するかもしれません。あるいはGPSで得た位置情報を元に最適な移動経路や最寄りのショップの情報を教えてくれるかもしれません。ヒトにまつわるデータはセンサーやカメラによってデジタル化され、クラウドやデータセンターに集められて、ビックデータ的に処理・分析されることで、スムースかつ効率的な利用体験を実現します。

2015年に個人情報保護法が改正され、パーソナルデータの利活用を促進する環境が整いつつあります。しかし、法令としての個人情報保護法は改訂されましたが、実務レベルで必要となる運用プロセスや環境の整備については、2016年初頭の個人情報保護委員会の発足の後に、具体的な内容が明らかになることが予定されています。

パーソナルデータの利活用を前提としたIoTシステムを企画・設計する際は、セキュリティに加えてプライバシーについても合わせて考慮することが必要といえます。プライバシーについて考える際にベースとなるコンセプトの代表的なものに「プライバシー・バイ・デザイン」という考え方があるので、ここで紹介しましょう。

●プライバシー・バイ・デザインとは

この「プライバシー・バイ・デザイン」の提唱者であるカナダのアン・カブキアン博士によると[16]、「プライバシー情報を扱う〈あらゆる側面〉において、プライバシー情報が適切に取り扱われる環境を〈あらかじめ〉作り込もうというコンセプト」とされています。この中で重要な要素として考えられるのは〈あらゆる側面〉〈あらかじめ〉の2つです。

〈あらゆる側面〉というのは、プライバシーについて考慮する際には情報システムのような技術的な仕組みだけを対象とせず、ビジネスプロセス全体において考える必要があるということを指しています。

また、〈あらかじめ〉というのは、プライバシー情報を使う段階になってはじめて考えるというのではなく、使うことが予想されるのであれば、ビジネスやサービスを企画、設計する段階から適切に取り扱われる環境を作り込む必要があるということです。

これは端的にいうと、プライバシー情報を扱うようなサービスやアプリなどを開発する際、いわゆるパーソナルデータを適切に扱うよう「設計段階で事前に作り込む」という考え方です。この考え方を進めるために「プライバシー・バイ・デザイン」では、次の表にあるような7つの基本原則を定めています。

1. 事後的ではなく事前的、救済的でなく予防的であること

    「プライバシー・バイ・デザイン」のアプローチは受け身ではなく、能動的に対応することが重要であることを意味しています。プライバシー侵害が起きてから救済するような形で対応する

---

16 「プライバシー・バイ・デザイン」（日経BP、アン・カブキアン（著）、堀部 政男（編集、一般財団法人 日本情報経済社会推進協会（JIPDEC）（編集）、JIPDEC（翻訳））

プライバシー・バイ・デザイン7つの基本原則
1. 事後的ではなく事前的、救済的でなく予防的であること
2. プライバシー保護は初期設定で有効化されること
3. プライバシー保護の仕組みがサービスやシステムの構造に組み込まれること
4. すべてが機能すること。ゼロサムではなく、ポジティブサムへ
5. データのライフサイクル全般にわたって保護されること
6. プライバシー保護の仕組みと運用は可視化され透明性が保護されること
7. 利用者のプライバシーを最大限に尊重する。ユーザ指向であるべし

のではなく、侵害が発生する前に予想し、予防するアプローチを取ることを目的とします。

2. **プライバシー保護は初期設定で有効化されること**
   プライバシー保護の仕組みは、ビジネス慣行やITシステムに最初から組み込まれることが重要です。また初期設定は個人のプライバシーを保護するようになっていて、利用者はなにもしなくてもプライバシーが守られるようになっていることが必要です。

3. **プライバシー保護の仕組みがサービスやITシステムの構造に組み込まれること**
   プライバシー保護の仕組みは、ビジネス慣行やシステムにおけるプロセスにおいて、設計段階から構造的に組み込まれていることが必要です。オプション的な位置づけで後付けされるものではなく、ビジネスのコア部分に必須の機能として実装されなければなりません。

4. **すべてが機能すること。ゼロサムではなく、ポジティブサムへ**
   「プライバシー・バイ・デザイン」のアプローチは、プライバシー保護の仕組みを設けることによって使い勝手が悪くなるなどのトレードオフが生じるようなゼロサムの関係ではなく、利便性向上とプライバシー保護を両方とも満たすようないわゆる "Win-Win" なポジティブサムを目指します。

5. **データのライフサイクル全般にわたって保護されること**
   プライバシー情報は、パーソナルデータを収集してから活用を終了するまでのライフサイクル全般にわたって、強固なセキュリティによって保護されなければなりません。すべてのデータは安全に保管され、活用終了時には安全かつ速やかに破棄されなければなりません。

6. **プライバシー保護の仕組みと運用は可視化され透明性が確保されること**
   「プライバシー・バイ・デザイン」のアプローチは、いかなるビジネス慣行やテクノロジーが関わっていたとしても、プライバシー保護の仕組みが意図したとおりに機能しているかを独立検証することによって、すべてのステークホルダー（利用者、提供者など）を安心させることを目指します。プライバシー保護の仕組みや運用はサービスやシステムの利用者や提供者に一様に可視化され、透明性が確保されなければなりません。信用するだけでなく、検証が必要です。

6.4 IoTセキュリティのこれから　　259

7. 利用者のプライバシーを最大限に尊重する。ユーザ指向であるべし

　「プライバシー・バイ・デザイン」のアプローチでは、設計者や運用者は強力なプライバシーの初期設定、適切な通知、使い勝手の良いオプション機能などの手段を提供することにより、利用者個人の利益を最上位に考えるようになることが必要です。ユーザーセントリック（利用者中心主義）であることが重要です。

　これらの7つの基本原則を通じて「プライバシー・バイ・デザイン」は、サービスやビジネスの提供者と利用者、それぞれの視点で異なる目標の実現を目指します。利用者にとっての目標はプライバシーの確保と自己の情報に対する個人のコントロールの獲得です。

　例えば、自分のプライバシーに関するパーソナルデータ（たとえば身体に関する情報や財務に関する情報）を扱うような場合にも、利用者が安心かつ信用してサービスやシステムを使えるように、また不要と感じた場合には利用途中でもプライバシー情報を削除・破棄できるようにするような状態を目指します。

　一方、提供者にとっては、「プライバシー・バイ・デザイン」に基づくプライバシー保護の仕組みの提供を通じて持続可能な競争優位の獲得を目指します。利用者を中心に据えたプライバシー保護の仕組みを、利便性を高めながら “Win-Win” なポジティブサムな形で提供することで、利用者は安心かつ信用してサービスやシステムを使うようになります。サービスやシステムの利用者にとっての利益が拡大することは、利用率の向上や利用者の拡大をもたらすことにつながり、結果としてそのサービスやシステムが持続可能な競争優位を獲得することになります。

　IoTについてはプライバシー面やセキュリティ面での懸念が高いですが、これに対処するために、IoTシステムが本来もたらす便益を削ってまでプライバシーやセキュリティに対応する、あるいはそれを求めるような空気を醸成することは、イノベーションの可能性を小さくしてしまいます。ここで挙げたような考え方を駆使して、セキュリティやプライバシーに配慮しながらも、トライ＆エラーでIoTの可能性を広げていくことが強く求められています。

索 引

A
AllSeen Alliance 25, 29
a NEGATIVE sample 177
a POSITIVE sample 177
Arduino 54
Arduino COM ポートの確認 58
Arduino IDE 56
Arduinoへの書き込みエラー 60
async/await 79
async 修飾子 79
await演算子 79
Azure IoT Device SDK 93
Azure IoT Hub 86
Azure SDK for Python 211

B
BEMS 12
BLESerial2 62
Bluetooth 36
Bluetoothペアリング設定 70

C
CAPEC 235
Cognitive Site 132
COM ポートの指定 57

D
detectMultiScale 191
DeviceExplorer 92

E
Edison 37

F
Flask 125

G
GATT プロファイル 64
GPS 35

H
HAAR 185
HOG 185
hookGattCharactericAsync メソッド 76

I
IIC (Industrial Internet Consortium) 27
IMES 35
Industrial Internet Consortium 25
Industrie 4.0 .... 25, 26

Internet of Things 4
IoT 4
IoT Hub 88
IoT Hub Connection-String 90
IoT開発におけるセキュリティ設計の手引き 256
IoTゲートウェイのインストール 68
IoTセキュリティ 222
IoTセキュリティガイドライン Ver1.0 256

J
Jcrop 149
JVN 250
JVN iPedia 250

L
LBP 185
LightBlue Explorer 66
Linux VM 101
LTE 38

M
Microsoft Bing検索エンジン 129
MITRE 235

N
Napion シリーズ 52
Notify キャラクタリスティック 64
Nuget 93
NuGet パッケージマネージャ 94

O
OIC (Open Interconnect Consortium) 28
oneM2M 28
Open Interconnect Consortium 25
OpenCV 101
OWASP Top 10 236

P
Package.appxmanifest 74
Pythonの環境 122

R
Raspberry Pi 69

S
Service Bus Queue 206
Service Bus 名前空間 199
Stream Analytics サービス 192
STRIDE 231

261

T
TeraTerm ･･････････････････････････････････････ 102
the weakest link ･･････････････････････････ 253

U
Ubuntu Server ･･･････････････････････････ 112
UI（XAML）デザイナー ････････････････ 77
USBカメラ ･･･････････････････････････ 53, 79

V
vi ･･･ 141
Visual Studio ･････････････････････････････ 71
Visual Studio 2017･･･････････････････････ 71

W
Windows 10 Iot Core･････････････････････ 68
Windowsファイアウォール ･････････････ 57
Wi-SUN ･･･････････････････････････････････ 36

Z
ZigBee･･･････････････････････････････････････ 35
ZigBeeアライアンス ･･･････････････････ 35
Z-WAVE ･････････････････････････････････ 36

あ
アノテーション ･････････････････････････ 101
アノテーション作成Webアプリ ････････148
アノテーションデータベース ･･･････････144
あらかじめ ･･･････････････････････････････ 258
あらゆる側面 ･････････････････････････････ 258

い
医療分野･････････････････････････････････････ 8

え
エネルギー分野 ･･･････････････････････････ 8
エリア・イメージセンサー ･･･････････････ 34
エレベータメンテナンス ･･･････････････ 16

お
お得意様認識IoTシステム ･････････････ 47
オペレーション層 ･･･････････････････････ 41
温度センサー ･････････････････････････････ 34

か
外部エンティティ ･･････････････････････ 230
顔認識 ･････････････････････････････････････ 17
画像検出 ･･･････････････････････････････････ 99
画像認識 ･･･････････････････････････････････ 99
加速度センサー ･･･････････････････････････ 34
稼動監視・運用管理･･･････････････････････ 42
環境分野･････････････････････････････････････ 8

き
機械学習 ･･･････････････････････････････････ 39
キャラクタリスティックオブジェクト ･･････････ 77
キャラクタリスティックス ･････････････ 64
キューイング ･････････････････････････････ 37
教師あり学習 ･･･････････････････････････100
教師データ ･････････････････････････ 100, 129

け
ゲートウェイ ･････････････････････････････ 37

こ
広域ネットワーク ･････････････････････ 38
公共インフラ分野･･････････････････････････ 8
交通情報サービス････････････････････････ 14

さ
サイバーセキュリティ戦略 ･････････････ 222
撮影メソッド ･････････････････････････････ 84
サービス妨害対策････････････････････････ 246
サービス妨害 ･････････････････････････････ 234

し

識別子 …………………………………… 232
ジャイロセンサー ………………………… 34
ジャンパワイヤ …………………………… 55
収集層 ……………………………………… 39
情報漏えい ………………………………… 233
情報漏えい対策 …………………………… 243
人感センサー ……………………… 52, 54
信頼境界線 ………………………………… 230

す

スマートグリッド ………………………… 15
スマートメーター ………………………… 15

せ

製造分野 …………………………………… 8
セキュリティ ……………………………… 41
セキュリティ設計 ………………………… 227
セキュリティ対策のテスト・評価 …… 254

そ

存在例 ……………………………………… 177

ち

蓄積・加工・統合層 ……………………… 39
チートシート ……………………………… 249
鳥害対策IoTシステム ………………… 19, 43

て

ディープラーニング ……………………… 40
テスト用カスケードコマンド …………… 188
データ格納場所 …………………………… 230
データ処理 ………………………………… 230
データの改ざん …………………………… 232
データの改ざん対策 ……………………… 241
データフロー ……………………………… 230
データフロー図 …………………………… 229
データフローダイアグラム ……………… 229
デバイス層 ………………………………… 33

と

特権の昇格 ………………………………… 234
特権の昇格対策 …………………………… 248
トラストバウンダリ ……………………… 230
トレーニング処理 ………………………… 183

な

なりすまし ………………………………… 232
なりすまし対策 …………………………… 239

に

ニューラルネットワーク ………………… 40

ね

ネガティブサンプル ……………………… 101
ネットワーク層 …………………………… 35

の

農家向け鳥獣被害対策IoTシステム …… 45
農業・園芸分野 …………………………… 8

ひ

非存在例 …………………………………… 177
否認 ………………………………………… 233
否認対策 …………………………………… 243

ふ

フィールド層 ……………………… 33, 52
フィールドネットワーク ………………… 35
プライバシー・バイ・デザイン ……… 258
プライマリキー …………………………… 91
プラットフォーム層 ……………… 98, 39
分析・活用層 ……………………………… 39

へ

変位センサー ……………………………… 34

ほ

保護抵抗 …………………………………… 59
ポジティブサンプル ……………………… 101
ボタンクリックのイベントハンドラ …… 84
ホームセキュリティIoTシステム ……… 46

も

モノから集めた情報から学習するモデル …… 16
モノから集めた情報を分析するモデル …… 14
モノのインターネット …………………… 4
モノをモニタリングするモデル ………… 10

や

野菜育成支援IoTシステム ……………… 44

ゆ

ユビキタスコンピューティング ………… 6

り

リソースグループ ………………………… 109

ろ

ローパスフィルタ ………………………… 65

執筆者紹介

吉澤 穂積 (よしざわ ほづみ) ──────────────── 第1章
日本ユニシス株式会社　全社プロジェクト推進部　IoTビジネス開発室所属

入社以来、システムエンジニアとして鉄道会社、旅行会社などの社会公共分野でのICTシステムの提案、システム構築を従事。2013年よりIoTビジネスの企画を担当し、サービス企画やビジネスエコシステムの構築などを手掛け現在に至る。
趣味は、楽しむゴルフと国内・国外の世界遺産巡り。

下拂 直樹 (しもはらい なおき) ──────────── 第2章(2.1、2.2)
日本ユニシス株式会社　全社プロジェクト推進部　IoTビジネス開発室所属

映像解析技術を使ったIoTサービスの企画を担当。
システムエンジニアとして入社し、その後、官公庁分野の営業を経て、現在の職務に従事。
登山が趣味で、仕事のアイディアの7割を登山中に発想する。
最近インスピレーションを与えてくれた山は、青森県の「八甲田山」。

松村 義昭 (まつむら よしあき) ──────────── 第2章(2.3)、第3章
日本ユニシス株式会社　全社プロジェクト推進部　IoTビジネス開発室所属

1990年日本ユニシス入社。同年、大手製造会社のシステム構築・サポートに従事。2000年からネットワーク関連ビジネス、ブロードバンド関連ビジネスのマーケティング業務に従事。2002年からユビキタス関連ビジネスの企画、マーケティングに従事。民間や国プロジェクト関連の各種ICタグ実証実験を担当し、ICタグ関連ビジネスの開発などを手掛ける。
2013年からIoT関連ビジネスの企画、開発を担当。現在に至る。
著作に『ICタグの仕組みとそのインパクト』(ソフトリサーチセンター、2004年、共著)がある。

吉本 昌平 (よしもと しょうへい) ──────────────── 第4章
ユニアデックス株式会社　エクセレントサービス創生本部　IoTビジネス開発統括部所属

福岡のITベンチャーでネットワーク設計構築・システム開発など広範囲な業務に従事の後、2006年にネットマークス社に入社(のちにユニアデックス社と合併)。入社後は主にクラウド・SDN/SD-WAN/OpenStackなどのビジネス開発・エヴァンジェライズに従事。2015年よりIoT分野のビジネス開発に従事しており、「機械学習/IoTを用いた匠の技の継承と普及」を推進している。

高橋 優亮 (たかはし ゆうすけ) ──────────────── 第5章
ユニアデックス株式会社　未来サービス研究所所属
VMware vExpert 2011-2017, Microsoft MVP (Cloud and Datacenter Management) 2015-2016

パッケージ、制御、受託、組込と、ひと通りソフトウェア開発の現場を経て、日本ユニシス社の社内エンジニア教育を担当。教育センターのシステム基盤の維持管理をするうちに、インフラエンジニアリングが楽しくなりユニアデックスへ。
以後、IT基盤の提案や構築と、技術動向の調査、研究、エヴァンジェライズに従事。
空手と自転車とバイクと車とピアノと、わかりやすく面白いプレゼンテーションをするのが趣味。

山平 哲也 (やまひら てつや) ——————————— 第6章
ユニアデックス株式会社　エクセレントサービス創生本部　IoTビジネス開発統括部所属

エンタープライズ向けシステムエンジニアとしてキャリアをスタートし、インターネット普及に伴いインターネットワーク技術を担当。2001年に米国シリコンバレー拠点の立ち上げ、2007年からネットワーク、セキュリティ、モバイル、ユニファイドコミュニケーション関連のソリューション企画部門を担当。現在IoTを中心としたエコシステム構築とビジネス創造を推進している。
趣味は旅に出ること（これまでの渡航は54ヵ国に及ぶ）と、うまいものの呑み食い（主に居酒屋が好み）。

■ 企業紹介
● 日本ユニシス株式会社

1958に設立した日本ユニシスは、金融、製造、流通、エネルギー、社会公共などの幅広い分野に対して、お客さま視点でのサービスを提供するITサービスプロバイダーです。ICTで培った経験と実績や、顧客第一主義(Users & Unisys)のマインドで築いてきたさまざまなお客さまとのつながりをバックボーンに、企業課題の「分析」から「解決」に至るまでの一貫したサービスを提供してきました。

テクノロジーの進化や規制緩和により既存のビジネスモデルが変わり業際化が進む今、日本ユニシスグループは、時代の変化に呼応し、社会課題に向き合い、お客さまやパートナーとともにビジネスエコシステムを形成し、未来を先回りした新しい価値創造にチャレンジしています。

Internet of Things, すべてがつながり広がる世界で、私たちはその豊富な実践知でサービスを融合し、ICTを動かし、飛躍させ、自ら積極的に新しいビジネス連携の形を広げます。日本ユニシスグループは、今までにないサービス基盤を先駆けて築き、未来のあたりまえになっていく革新的なサービスを実現していきます。

https://www.unisys.co.jp/

● ユニアデックス株式会社

1997年に設立したユニアデックスは、ICTインフラの構築・運用・保守、設備設計・工事などを、ベンダーを問わず高い顧客満足度で提供する「インフラトータルサービス」企業です。ICTインフラの専門家として、お客さまの課題を的確に捉え、『全体感』を考慮した上で、臨機応変に最適化を支援し、お客さまに多くの"気づき"や"感動"をもっていただくことを目指しています。

さまざまなベンダー、メーカーが提供するサーバー、ネットワーク、デバイスなどを統合的に取り扱い、ICTインテグレーション、システムマネジメント、ファシリティー、保守サポート、グローバル対応、さらに複数のクラウドサービス利用を支援する「クラウドフェデレーションサービス」などを軸に、多様なソリューションとサービスメニューで支援しています。

IoT分野においても、お客様と同じ目線・同じ気持ちで「現場」のことを理解することから始め、一緒に粘り強く考えることで、お客様の期待を越える新たなビジネス価値を創造し、マルチベンダーな共創パートナーとの幅広いエコシステムにより、従来のITの枠組みを超えたIoT活用シナリオの実現をご支援いたします。

http://www.uniadex.co.jp/

IoTシステム開発スタートアップ
プロトタイプで全レイヤをつなぐ

© 吉澤 穂積・下拂 直樹・松村 義昭
吉本 昌平・高橋 優亮・山平 哲也　2017

2017年5月18日　第1版第1刷　発行	著　者	吉澤 穂積・下拂 直樹・松村 義昭 吉本 昌平・高橋 優亮・山平 哲也
	発 行 人	新関 卓哉
	企画担当	蒲生 達佳
	発 行 所	株式会社リックテレコム 〒113-0034 東京都文京区湯島 3-7-7 振替　00160-0-133646 電話　03（3834）8380（営業） 　　　03（3834）8427（編集） URL　http://www.ric.co.jp/

本書の全部または一部について、無断で複写・複製・転載・電子ファイル化等を行うことを禁じます。	カバーデザイン DTP制作 印刷・製本	トップスタジオ デザイン室 SPEC+QUARTER 浜田 房二 シナノ印刷株式会社

●本書に関するお問い合わせは下記までお願い致します。なお、ご質問の回答に万全を期すため、電話によるお問い合わせは
　ご容赦ください。E-mail：book-q@ric.co.jp　FAX：03-3834-8043
●本書に記載されている内容には万全を期しておりますが、記載ミスや情報内容の変更がある場合がございます。その場合には
　当社ホームページ〔http://www.ric.co.jp/book/seigo_list.html〕に掲載致しますので、ご確認ください。
●乱丁・落丁本はお取り替え致します。

ISBN978-4-86594-094-7　　　　　　　　　　　　　　　　　　　　　　　　　Printed in Japan